企业安全文化建设实务丛书

JIANZHU SHIGONG QIYE

ANQUAN WENHUA JIANSHE YU SHIJIAN

建筑施工企业

安全文化建设与实践

孟燕华　谢振华　编著

中国劳动社会保障出版社

图书在版编目(CIP)数据

建筑施工企业安全文化建设与实践/孟燕华，谢振华编著. —北京：中国劳动社会保障出版社，2014

(企业安全文化建设实务丛书)

ISBN 978-7-5167-1088-3

Ⅰ.①建…　Ⅱ.①孟…②谢…　Ⅲ.①建筑企业-安全文化-研究　Ⅳ.①TU714

中国版本图书馆 CIP 数据核字(2014)第 106441 号

中国劳动社会保障出版社出版发行

(北京市惠新东街 1 号　邮政编码：100029)

*

北京金明盛印刷有限公司印刷装订　新华书店经销

880 毫米×1230 毫米　32 开本　7.25 印张　189 千字

2014 年 5 月第 1 版　　2014 年 5 月第 1 次印刷

定价：24.00 元

读者服务部电话：(010) 64929211/64921644/84643933

发行部电话：(010) 64961894

出版社网址：http://www.class.com.cn

内 容 简 介

本书介绍了建筑施工企业安全文化建设有关知识与实践，内容包括安全文化基本知识、建筑施工企业安全文化建设、建筑施工企业安全精神文化建设、建筑施工企业安全行为文化建设、建筑施工企业安全物质文化建设、建筑施工企业安全制度文化建设、建筑施工企业安全文化建设实践经验七章。

本书叙述简明扼要，内容通俗易懂，并配有一些事故案例。本书可作为建筑施工企业安全文化建设教育培训的教材，也可供从事建筑施工安全生产工作的有关人员参考、使用。

本书由孟燕华、谢振华编著，陈茜、李静、陈晓玥、范冰冰、梁莎莎、杨栋参与了编写工作。

目 录 CONTENTS

第一章 安全文化基本知识

第一节　安全文化的定义

一、文化的定义

从广义上讲，文化是人类在社会历史发展过程中所创造的物质财富和精神财富的总和，特指社会意识形态。人们在日常生活和工作中使用“文化”一词时，一般指意识形态所创造的精神财富，包括宗教、信仰、风俗习惯、道德情操、文学艺术、科学技术、各种制度等，即狭义的文化。

二、安全文化的定义

安全文化是文化的一个分支，是文化的重要组成部分。与文化范畴一样，由于人们的认识和应用范围不同，安全文化也有不同的定义，目前还没有一个统一公认的安全文化定义。综合我国专家学者在安全文化理论方面的研究，可以归纳出以下四种安全文化的定义：

(1) 1988 年，国际核安全咨询组（INSAG）首先提出了安全文化（Safety Culture）这一术语。在 1991 年 INSAG4 报告即《安全文化》小册子中给出的安全文化定义为：安全文化是存在于单位和个人中的种种素质和态度的总和，它建立一种超出一切之上的观念。这个定义表明，安全文化既是有关人的态度问题又是组织问题，既是单位的问题又是个人的问题。建立一种超出一切之上的观念，即安全第一的观念，是安全生产的根本保障。

（2）我国学者曹琦通过研究我国安全管理模式，在分析企业各层次人员的本质安全素质结构的基础上，提出了安全文化的定义：安全文化是安全价值观和安全行为准则的总和。安全价值观是指安全文化的里层结构，安全行为准则是指安全文化的表层结构。

（3）作为我国安全文化研究重要成果之一，1994 年 12 月以来，《中国安全文化建设系列丛书》陆续出版。该系列丛书给出的安全文化定义是：在人类生存、繁衍和发展的历程中，在其从事生产、生活乃至实践的一切领域内，为保障人类身心安全（含健康）并使其能安全、舒适、高效地从事一切活动，预防、避免、控制和消除意外事故和灾害（自然的、人为的）；为建立起安全、可靠、和谐、协调的环境和匹配运行的安全体系；为使人类变得更加安全、康乐、长寿，使世界变得友爱、和平、繁荣而创造的安全物质财富和安全精神财富的总和。

（4）中国地质大学的罗云在研究安全文化理论方面提出了自己的观点：安全文化是人类为防范（预防、控制、降低或减轻）生产、生活风险，实现生命安全与健康、社会和谐与企业可持续发展，所创造的安全精神价值和物质价值的总和，具体体现为企业安全文化、全民安全文化、家庭安全文化等。

第二节　安全文化的发展与现状

一、安全文化的发展

安全文化是人类生存和社会生产过程中的主观与客观存在，因此，安全文化伴随人类的产生而产生，伴随人类社会的进步而发展。例如，人类早期对安全追求产生了图腾、风水、鬼神之说。但是，人类有意识地发展安全文化，仅仅是近几十年的事。这是由现代科学技术发展和现代生产、生活方式的需要所决定的。

最初提出安全文化的概念和要求，起源于20世纪80年代的国际核工业领域。1986年国际原子能机构召开的“切尔诺贝利核电站事故后评审会”，认识到“核安全文化”对核工业事故的影响。当年，美国NASA机构（航空航天局）把安全文化应用到航空航天的安全管理中。国际原子能机构1988年在其“核电的基本原则”中将安全文化的概念作为一种重要的管理原则予以落实，并渗透到核电厂以及相关的核电保障领域。其后，国际核安全咨询组在1991年编写的《安全文化》（INSG4）中，首次定义了“安全文化”，并建立了一套核安全文化建设的思想和策略。

我国核工业总公司不失时机地跟踪国际核工业安全的发展，把国际原子能机构的研究成果和安全理念介绍到我国。1992年《安全文化》一书的中文版出版。1993年我国原劳动部部长李伯勇同志指出：“要把安全工作提高到安全文化的高度来认识。”在这一认识基础上，我国的安全科学把这一高技术领域的思想引入传统产业，把安全文化深入一般安全生产与安全生活领域，从而形成了一般意义上的安全文化。

安全文化从核安全文化、航空航天安全文化等企业安全文化，拓宽到全民安全文化。根据安全文化的发展，人类的安全文化可分为四大发展阶段。17世纪前，人类安全观念是宿命论，行为特征是被动承受型，这是人类古代安全文化的特征；17世纪末至20世纪初，人类的安全观念提高到经验论水平，行为方式有了“事后弥补”的特征，这种由被动式的行为方式变为主动式的行为方式，由无意识变为有意识的安全观念，不能不说是一种进步；20世纪50年代，随着工业社会的发展和技术的不断进步，人类的安全认识论进入了系统论阶段，从而在方法论上能够推行安全生产与安全生活的综合型对策，进入了近代安全文化阶段；20世纪50年代以来，高技术的不断应用，如宇航技术、核技术的利用，信息化社会的出现，人类的安全认识论进入了本质论阶段，超前预防型成为现代安全文化的主要特征，这种高技术领域的安全思想和方法论推进了传统产业和技术领域的安全手段和对策的进步。由此，可把人类安全文化的发展归纳于表1—1。

表1—1　　人类安全文化的发展脉络

时代的安全文化	观念特征	行为特征
古代安全文化	宿命论	被动承受型
近代安全文化	经验论	事后型，亡羊补牢型
现代安全文化	系统论	综合型，人机环对策
21世纪的安全文化	本质论	物本与人本安全；超前、预防、主动型

对安全文化理论和实践的认识和研究是一项长期的任务。随着人们对安全文化的理解和实践，人类安全文化的内涵必定会丰富起来；社会安全文化的整体水平也会不断提高；企业通过建设安全文化提升员工安全素质、创造有效的预防事故的人文氛围和物化条件的效果将会显现。

通过对安全文化的研究，人们已初步认识到：安全文化的发展方向需要面向现代化、面向新技术、面向社会和企业的未来、面向决策者和社会大众；发展安全文化的基本要求是要体现社会性、科学性、大众性和实践性；安全文化的科学含义包括领导的安全观念以及全民的安全意识和素质；建设安全文化的目的是为人类安康生活和安全生产提供精神动力、智力支持、人文氛围和物态环境。

二、安全文化的现状

1. 国外安全文化的现状

世界许多国家对安全文化的发展都给予了高度的重视。譬如，在澳大利亚的职业安全卫生战略中，工作场所各方承认将安全与卫生作为其正常经营的一个组成部分结合进来，承认安全文化是组织文化的组成部分，安全文化被视为战略成功的一个指标；欧盟在其共同体战略中直接提到了加强并巩固危险预防文化；在韩国的战略计划中，一个优先事项是在雇主和工人当中提高安全意识——建立将学校、家庭和社会联系在一起的终身培训制度；美国在其五年计划中，受到参与“自我防护计划（VPP）”的企业成功的鼓舞，目前正朝着向创造一种根深蒂固的文化方面发展。

许多跨国公司在实践的基础上建立了完善的安全文化模型及建设体系，形成了良好的企业安全文化，如杜邦公司、壳牌公司等。

杜邦公司把安全、健康和环保作为企业的核心价值之一，每名员工不仅对自己的安全负责，而且也要对同事的安全负责。这种对个人和集体都要负责的理念，使企业有能力实现零伤害、零疾病、零事故的安全目标。同时，使杜邦公司在工业安全方面占有领先地位，并享誉全球。

杜邦公司的安全管理以十大基本理论为基础，以十二个基本要素为框架，以先进的安全文化理论为指导，实现了卓越的安全管理绩效。为了推进安全文化建设，很多大公司都会聘请杜邦公司的专业咨询机构对公司的安全文化进行考察、诊断、评估，提出切实可行、有效的安全文化建设模式。

杜邦公司安全文化的本质就是通过行为人的行为体现对人的尊重，就是人性化管理，体现以人为本。文化主导行为，行为主导态度，态度决定结果，结果反映文明。杜邦公司的安全文化，就是要让员工在科学文明的安全文化主导下，创造安全的环境，通过安全理念的渗透来改变员工的行为，使之成为自觉的、规范的行动。

2. 我国安全文化的现状

近十年间，我国安全文化建设在以下几方面取得了长足进步。

（1）安全文化建设得到政府的关心和支持

前国家领导人邹家华、吴邦国多次讲话，号召全民“加大安全生产宣传力度，提高安全文化水平，强化全民安全意识”。原国家安全生产监督管理局局长张宝明指出，要以“三个代表”重要思想指导安全文化建设。2012 年，国务院办公厅在《关于继续深入扎实开展“安全生产年”活动的通知》（国办发［2012］14 号）中指出：深入推进安全文化建设。同年 11 月 27 日，国家安全生产监督管理总局副局长杨元元出席了以“安全、健康、发展”为主题的第六届北京安全文化论坛并发表讲话，他在讲话中指出要把安全文化作为推进安全生产的主元素、实施安全发展战略的主渠道，充分发挥文化引领风尚、教育人民、服务社会、推动发展的积极作用，凝聚共识、汇集力量，加快推进科学发展、安全发展。

2013 年 5 月 9 日，全国安全生产宣传工作会议暨全国安全文化建设现场会在湖北武汉钢铁（集团）公司召开。国家安全生产监督管理总局副局长杨元元在会议讲话中强调，要深入开展安全宣传教育和安全文化创建活动，为促进安全生产形势持续稳定好转提供有力的思想文化保障。积极开展安全发展示范城市、安全文化示范企业、安全校园、安全社区等创建活动和第 12 个“安全生产月”活动，推动安全生产工作的文化源泉和思想动力。《安全生产“十二五”规划》中，安全文化、安全教育培训及安全社区建设是 9 类重点工程项目之一，中央、地方和企业已累计投资 21.2 亿元用于该项目的建设，投资效益已初步显现。2013 年 5 月 28 日，中国安全生产协会安全文化工作委员会第一次会员代表大会在北京召开。中国安全生产协会会长赵铁锤为安全文化工作委员会揭牌并讲话。他强调，安全文化工作委员会要紧紧围绕国家安全生产监督管理总局及中国安全生产协会的中心工作，以服务安全生产、促进安全发展为宗旨，积极引导会员单位搞好安全文化建设，努力开创安全文化工作新局面。

（2）加大了安全文化的建设力度

2006 年，国家安全生产监督管理总局为贯彻落实《国务院关于进一步加强安全生产工作的决定》和《安全生产“十一五”规划》，确保“十一五”期间安全生产各项目标任务的完成，强调必须大力加强安全文化建设，营造有利于安全生产的舆论氛围，增强全社会的安全意识，为社会主义和谐社会建设，实现安全发展，创造安全稳定的环境。

为进一步加强企业安全文化建设，国家安全生产监督管理总局于 2006 年发布了《“十一五”安全文化建设纲要》，于 2009 年实施了安全生产行业推荐性标准《企业安全文化建设导则》（AQ/T 9004—2008）、《企业安全文化建设评价准则》（AQ/T 9005—2008）。2010 年国家安全生产监督管理总局发布了《关于开展安全文化建设示范企业创建活动的指导意见》，强调企业安全文化建设的重要性。

2011 年 4 月，“世界安全生产与健康日”纪念活动暨企业安全文化研讨会活动主题确定为“加强安全文化建设，落实企业主体责任”。活动指出：应深入贯彻落实科学发展观，牢固树立以人为本、安全发展的理念，以落实《国务院关于进一步加强企业安全生产工作的通知》（国发［2010］23 号）精神为核心，以强化企业安全生产主体责任为重点，继续深化“安全生产年”活动，全面深入开展安全生产“三项行动”和“三项建设”，围绕“世界安全生产与健康日”活动主题，大力加强企业安全文化建设和企业安全生产标准化创建活动，构建企业安全生产长效机制，促进安全生产形势持续稳定好转。

国家安全生产监督管理总局为切实做好“十二五”期间安全文化建设工作，进一步提高全民安全文化素质，为实现全国安全生产形势根本好转营造良好的文化氛围，于 2011 年 11 月发布《安全文化建设“十二五”规划》，明确了“十二五”期间我国安全文化建设面临的形势和任务，确立了安全文化建设的目标：到“十二五”末，安全文化建设体制机制及标准制度健全规范，安全文化示范工程和阵地建设深入推进，安全文化活动内容不断丰富，全民安全意识进一步增强，安全文化建设富有特色并取得明显成效，安全文化建设出现了空前的繁荣。

2011 年 11 月 26 日，为深入贯彻落实科学发展观，实现安全发展，促进全国安全生产形势持续稳定好转，国务院发布了《国务院关于坚持科学发展安全发展促进安全生产形势持续稳定好转的意见》（国发［2011］40 号），意见中指出要加强安全知识普及和技能培训，推动安全文化发展繁荣。

2012 年 7 月 30 日，为深入贯彻落实《中共中央关于深化文化体制改革推动社会主义文化大发展大繁荣若干重大问题的决定》精神，进一步加强安全生产文化（简称安全文化）建设，强化安全生产思想基础和文化支撑，大力推进实施安全发展战略，国务院安全生产会办公室发布了《关于大力推进安全生产文化建设的指导意见》，意见中指出要充分认识到推进安全文化建设的重要意义，切实强化科学发展、安全发展理念，深入开展安全文化创建活动，加快推进安全文化产业发展，全面加强安全文化宣传阵地建设，强化安全文化建设保障措施。

（3）倡导和弘扬安全文化已纳入国家安全生产宣传周（月）并作为重要活动内容

为广泛普及安全生产法律和安全常识，提高全民的安全素质，全国安全生产月活动组织委员会办公室自2005年起开展“送安全文化到基层”活动。几年来，已深入河北、湖南、山西、北京、四川等十几个地市宣扬安全文化，倡导安全发展，进一步强化了人们的安全生产意识和文化素质。

国家安全生产宣传周（月）活动主要包括“安全生产周”“矿山安全法宣传月”“交通安全宣传周”、全国中小学生“安全教育日”“119”消防宣传日、“质量安全月”“安全生产知识安康杯竞赛”等活动，深入普及和推广企业安全文化活动的经验。

第12个“安全月”活动于2013年6月1日至30日在各省、自治区、直辖市、新疆生产建设兵团和国务院有关部门、中央企业同时开展。此次活动以“强化安全基础、推动安全发展”为主题，坚持“三贴近”（贴近实际、贴近生活、贴近群众）、“三面向”（面向基层、面向企业、面向职工），注重实效，通过集中开展一系列安全生产宣传教育活动，深入宣传党和国家关于加强安全生产的重大决策部署，普及安全知识，弘扬安全文化，促进全国安全生产状况持续稳定好转，为加快实现根本好转提供强大精神动力、文化力量和舆论支持。

（4）安全文化建设的专著、丛书及论文陆续出版

通过安全文化的理论和实践相结合，安全文化不断验证、提高

和升华，从具体到抽象，从特殊到普遍，从个性到共性，安全文化建设的理论与实践有了很大的进步和提高。截至2011年年末，公开出版安全文化建设方面的专著、丛书上百部，安全文化研讨会论文集有十几部。

（5）企业安全文化建设正在推广并取得显著成效

近年来，安全文化已在铁路、航空、核工业、煤炭、冶金、建筑、化工、船舶、石油天然气等行业的企业开始试点和推广，安全文化建设在各行业取得了显著成效。国家安全生产监督管理总局自2010年开始开展安全文化建设示范企业创建活动，2011年3月，通过企业自主申请，各省级安全监管监察机构、中央企业推荐，国家安全生产监督管理总局组织专家考评、抽检、审定的方式，按照“高度重视，精心组织；严格标准，务求实效；典型引路，扎实推进”的方针，从全国253家申报单位中评选出了85家安全文化建设示范企业。2012年4月，国家安全生产监督管理总局从全国210家申报企业中评选出81家，命名为全国安全文化建设示范企业。2013年5月，国家安全生产监督管理总局从全国申报企业中评选出73家，命名为2012年全国安全文化建设示范企业。

（6）安全文化知识已进入中小学校和大专院校，大众安全文化进入社区

大众安全文化进入社区，安全生活、安全生存、安定、健康、舒适、长寿已成为公众的时代需求，社会文明、环境保护、安全、祥和、稳定的社区建设已在国内试点。安全文化、质量安全文化、减灾安全文化、消灾安全文化、保健安全文化、老年安全文化、消防安全文化、交通安全文化等已成为大众安全文化的新领域。

2012年9月17日，经全国安全社区评定组对“全国安全社区”申请单位进行评定，并报全国安全社区综合审定委员会审定，确认广东省广州市萝岗区永和街道等15个单位的安全社区建设工作符合《安全社区建设基本要求》（AQ/T 9001—2006）标准，被命名为“全国安全社区”。

（7）通过公益宣传片和电视片的形式加大安全文化的推广

2012年12月，由国家安全生产监督管理总局信息研究院、国家安全生产监督管理总局安全生产电视中心精心组织策划摄制，以“科学发展、安全发展”为主题的安全生产公益宣传片——《科学发展重安全、和谐幸福人为本》在中央电视台科教频道（CCTV—10）播出。安全生产公益宣传片及电视片的播出，提供了一个让全社会更加了解和关注安全生产工作的窗口，也广泛营造了浓厚的安全生产舆论氛围。

2013年4月8日到12日，国家安全生产监督管理总局安全生产电视中心“安全文化影像力”走基层活动先后在冀中能源峰峰集团、冀中能源邢东矿开展。此次“安全文化影像力”走基层活动将作为第三届“安全生产电视作品展映”的延续和第四届“安全生产电视作品展映”的开始，通过在基层拍摄采访，电视编创人员和刊物记者用敏锐的观察、饱满的情感、感人的镜头、真实的笔触、优美的音乐等艺术手段立体地、多层次地呈现了安全生产一线的模范人物和先进有效的安全经验，并在更高、更大的平台进行宣传推广，为基层安全生产、安全文化建设的成果展示提供窗口和平台。

2013年7月27日，由国家安全生产监督管理总局和中国广播电视协会纪录片工作委员会联合摄制的大型安全生产电视文献纪录片《安全发展之路》开机仪式在北京举行。《安全发展之路》是我国安全生产领域第一部以“安全发展”为主题的电视纪录片，以《国务院关于坚持科学发展安全发展促进安全生产形势持续稳定好转的意见》（国发［2011］40号）为依据，对安全发展战略的内涵作了深刻系统的阐释，对坚持安全发展必须遵循的指导思想和基本原则作了详尽阐述。本纪录片将分为《生命的呼唤》《战略的诞生》《科技的巨手》《监管的力量》《责任的法则》和《文化的引领》6集进行拍摄。

第三节　安全文化的特性

一、时代性

安全文化是人类文化最重要的组成部分，是安全科学的基础。安全文化属于上层建筑，它的发展和繁荣均受时间、地点、社会政治背景、经济基础、人口素质、科技条件以及大众需求的影响，也受世界科技进步、国际形势、市场竞争的影响。随着科技进步和现代管理水平的提高，民众对生命的价值有了新的认识，在建立正确的安全价值观的基础之上，倍加爱护自己的生命和别人的生命。安全文化既有物质的安全文化，又有精神的安全文化，符合时代发展的需求，是时代精神和生命价值观的客观反映。

二、人本性

安全文化是爱护生命，尊重人权，保护人民身心安全与健康的文化；是以保护人的生命安全，保护从事一切活动的人的安全与健康，保护生命权、生存权、劳动权，维护人民应当享受的安全生产、安全生活、安全生存的一切合法权益的文化；是以人生、人权、人文、人性为核心的文化；是公开、公正地保护大众的身心安全与健康，维护社会的安全伦理道德，推崇科学的安全生命价值观和安全行为规范，调整人与人之间安全、关爱、和谐、友善的高尚文化；是充分体现自尊、自信、自强的安全人格、人性的时代精神的文化。例如“以人为本，安全第一”，充分体现了安全文化的本质，那就是人文关怀。

三、实践性

安全文化是人类的安全生产、安全生活、安全生存等实践活动的产物。安全文化又反作用于实践，指导实践，使安全活动更有成效，产生新的安全文化内容。没有安全文化的实践活动，就没有新的理论和现代安全科技方法和手段。大众的安全文化实践活动是安全文化丰富、发展的源泉和动力。

四、系统性

安全文化内涵丰富，涉及领域广泛，不仅体现在文化学与安全科学的交叉与综合上，还是自然科学与社会科学的交叉与综合。要解决人的身心安全与健康的本质和运动规律问题，必须以文化的观点，用系统工程的思路，按综合处理的方法，建立安全文化系统工程的体系。

五、多样性

安全文化活动涉及的领域和时空，大众对安全文化接受的程度和安全文化素质，决定了安全文化的多样性特点。因此，安全文化既有生产领域的，也有非生产领域的，乃至整个生存环境都存在各具特色的安全文化。由于人们对安全问题认识的局限性和阶段性，存在安全价值观和安全行为规范的差异，精神安全需求和物质安全需求的不同，都必然会产生或形成各式各样的安全文化样式，并为不同知识水平的人所接受，这种差异就使安全文化的存在呈现多样性。

六、可塑性

文化是可以继承和传播的，不同文化还可以在融合中创新。文化可为不同社会、不同民族、不同国家接受，按时代的需求，按人们的特殊要求，可以让不同文化互相借鉴，优势互补，也可以进行融合再造，能动地、科学地、有意识地、有目的地创造出一种理想的新文化。例如，我国的注册安全工程师制度，就是把国外的类似制度与我国的国情相结合，创造性地推出了在国际上绝无仅有的中国特色的一项安全制度。

七、预防性

以安全宣传教育为手段，从培养人的安全意识、安全思维、安全行为、安全价值观入手，通过安全文化知识的传播、科普知识教育、三级安全教育、继续安全工程教育的途径，促进决策层、管理层、操作层人员的安全文化知识教育和安全文化素质的提高，形成安全第一、珍惜生命的理念。

第四节　安全文化实例

一、中材建设有限公司概况

中材建设有限公司是一个有近 50 年历史、具有对外经营权、进出口权及国家工程总承包一级资质的总承包商。该公司隶属于中国材料工业科工集团旗下的上市公司——中材国际工程股份有限公司，总部位于河北省唐山市，在北京设有分公司。在册职工 1 000 余人，其中管理和技术人员占 80%以上。

中材建设有限公司先后承建了国内水泥行业大多数的水泥生产线重点建设项目，其中包括绝大多数外商投资项目和超过日产水泥熟料 4 000 t 以上规模的水泥生产线项目，累计建设水泥生产线 100 余条。进入 21 世纪以来，中材建设有限公司成功实现了国际化经营发展战略的转型，企业经济效益也大幅度提高，产值利润连续翻番，是中国水泥建材行业率先进入国际市场的知名企业。

二、企业安全文化建设的内容

1. 思想意识建设

（1）择优选择员工，形成良好的用人环境，并对员工进行道德品质、法律法规、文化知识、作业技能、事故案例等教育。针对当前建筑施工企业作业人员多数是民工的情况，对他们进行务工与就业基础知识教育、民工生活安全教育、新员工入职安全教育、施工安全与事故防范教育、逃生急救教育、职工权益保障教育。

（2）领导率先垂范，并在各层次树立标兵，弘扬优秀的企业安全文化。作为现场生产指挥者更要掌握安全生产技术及安全防护、安全保护知识，不盲目指挥。

（3）在发展的基础上，努力解决员工实际工作、生活中存在的问题，满足不同层次的需求。

（4）发动员工积极参与企业安全文化建设，建设属于自己的企业安全文化。

（5）在员工中树立企业即家、社会即家的观点，正确认识安全与企业发展、社会安定祥和和进步之间的关系，增强主人翁意识。

（6）开展社会和群众监督，进行公正而严格的考核，改正任何不适行为。

2. 制度文化建设

（1）贯彻执行《安全生产法》《建筑法》等安全生产法律法规，结合《职业健康安全管理体系》《环境管理体系》及《质量管理体系》等标准，建立制度化的管理体系。

（2）进行安全文化策划，引进企业安全文化识别系统，建立有显著个性和适合企业发展的企业文化和企业安全文化支持系统。

（3）贯彻执行《建筑施工安全检查标准》《建筑施工扣件式钢管脚手架安全技术规范》等建筑施工安全标准规范，建立企业安全文化的技术支持系统。

3. 管理文化建设

（1）组建企业安全管理领导机构和安全部门，建立监督管理网络。

（2）从企业标志、企业建筑、办公到施工环境、技术装配等，均按照管理体系要求进行落实。

（3）按照标准、规范规程及安全技术交底施工，落实各项安全技术措施。

（4）控制生产中的不安全行为是企业安全文化的基本功能之一，因此需要加强检查，定期评审，只有及时纠正和控制不安全行为，才能实现持续改进。

三、企业安全文化建设步骤

1. 决策和策划

企业安全文化建设是一项系统工程，应以《职业健康安全管理体系》《环境管理体系》及企业形象策划为载体，融入企业安全文化的精髓，建立有自身个性的优秀的企业安全文化。

2. 学习培训

（1）对核心队伍成员进行培训，培训内容包括法律法规、标准规范、体系知识、施工项目管理及企业文化知识等，为安全文化体系储备人才。

（2）对员工进行法律法规、标准规范、安全管理知识、体系知识、市场形势等的教育。体系文件编制完成后，以组织学习的形式动员员工参与修订工作，使上下各层次形成互动，并考虑分包的普遍性和特殊性、员工的流动性、作业环境的多变性，使其具有计划性、人文性、强制性、时间性、全面性、超前性、一定的经验性、鲜明的目的性。

3. 收集整理资料

（1）对现有企业安全文化进行调研和分析研究，重点是企业制度文化和物质文化方面的有形内容，尤其是以往工程的施工总结与工法，更能使其贴近实际。

（2）收集现行有关法律法规、标准规范等。

（3）收集成功企业有关资料。

4. 确定企业精神

确定本企业的企业精神及安全生产方针目标。

5. 建立健全安全生产管理体系

根据标准并结合企业形象策划工程，建立健全经整合的企业安全生产管理体系，以制度捍卫文化，以形象衬托文化。

6. 加强宣传教育

在强制要求贯彻执行各项管理制度的基础上，使企业员工的思想意识逐步并最终统一到企业精神和方针目标上来，形成“我要安全、我要健康”的良好氛围。

7. 定期评审

要定期进行管理评审，在总结经验教训基础上完善防范措施和制度，实现持续改进。

四、企业安全文化建设手段

（1）促进以一把手为龙头的安全生产责任制落实，明确行政一把手是安全生产的第一责任者，使人人身上有指标，从而强化各级干部搞好安全工作的责任心。

（2）实行全员管理和全线预防，增强自我防护能力，努力做到不伤害自已，不伤害别人，不被别人伤害。

（3）通过强化善待生命、珍惜健康之理，用热忱的宣传教育、深情的关怀爱护、柔情的规范举措、绝情的体制管理、无情的事故启发等正确的方法来做好对职工的安全培训教育工作，从而从实际上对职工进行教育和自我约束，提高职工操作技能、安全素质，规范职工的行为，减少事故隐患，培养职工做好安全工作的自觉性，提高职工的安全文化素质。

(4) 对新入职的员工进行一般安全生产技术知识、专业安全生产技术知识和安全生产技能培训。

(5) 项目部要在生活区设置宣传栏通过通俗易懂的图片进行安全生产知识教育，施工现场要在入口设置个人安全用品佩戴的提示牌，在作业场所不安全部位设置警示牌。

(6) 制定现场管理标准，应该安装护栏的要安装护栏，清除安全通道的一切障碍，使流动物品科学定位，分类摆放，实现文明生产。

(7) 对工具、设备、环境（场所）等诸因素进行事先的认真检查，严密分析，从而制定稳妥的事故控制措施，确保安全生产。

(8) 企业执行月确认，项目部执行周确认，施工队班组执行日确认，个人执行岗位场所确认，从而形成纵向安全确认反馈网络，使全体员工在“安全第一”的思想指导下从文化心理、精神追求上连接成一个整体。

(9) 落实危险源（点）安全责任制，使危险源（点）处于受控状态，使各种隐患能够被及时发现、及时解决。

第二章
建筑施工企业安全文化建设

第一节　企业安全文化概述

一、企业安全文化的定义

《企业安全文化建设导则》（AQ/T 9004—2008）给出了企业安全文化的定义：企业安全文化是指被企业组织的员工群体所共享的安全价值观、态度、道德和行为规范组成的统一体。

二、企业安全文化的层次结构

企业安全文化是多层次的复合体，由安全物质文化、安全制度文化、安全精神文化、安全价值和行为规范文化四个层次所组成。

企业安全文化是“以人为本”，提倡对员工的“爱”与“护”，以“灵性管理”为中心，以员工安全文化素质为基础所形成的群体和企业的安全价值观和安全行为规范，表现于员工积极的安全生产态度和主人翁敬业精神。

三、企业安全文化的特点

企业安全文化是安全文化在生产经营活动领域的特殊表现形式，是为保护企业员工在生产经营活动中，生命安全与身体健康的安全文化实践活动而创造的安全的物质财富和精神财富。企业安全文化具有以下三个明显特点：

（1）企业安全文化是指企业在生产经营过程中，为保障企业安全生产，保护员工身心安全与健康所涉及的种种文化实践及活动。

（2）企业安全文化与企业文化目标是基本一致的，都着重于培养人的科学精神，突出人的先进思想和意识，发挥人的积极因素和主人翁责任感，即以人为本，以人的“灵性”管理为基础。

（3）企业安全文化更强调企业的安全形象、安全奋斗目标、安全激励精神、安全价值观和安全生产及产品安全质量、企业安全风貌及商誉效应等，是企业凝聚力的体现，对员工有很强的吸引力，对员工有一种无形的约束作用，能激发员工产生强烈的责任感。

四、企业安全文化的功能

（1）导向功能。企业安全文化所提出的价值观为企业的安全管理决策活动提供了为企业多数职工所认同的价值取向，它们能将企业价值观内化为个人的价值观，将企业目标内化为自己的行为目标，使个体的目标、价值观、理想与企业的目标、价值观、理想有高度一致性和同一性。

（2）凝聚功能。当企业安全文化所提出的价值观被企业职工内化为个体的价值观和目标后，就会产生一种积极而强大的群体意识，将每个职工紧密地联系在一起，这样就形成了一种强大的凝聚力和向心力。

（3）规范功能。企业安全文化实质上是有形的和无形的制度文化。有形的安全文化是国家的法律条文，企业的规章制度、约束机制、管理办法和环境设施状况；无形的安全文化是企业、职工群体的理念、认识和职业道德，它能使有形的安全文化被双方所认同、遵循，同样形成一种自觉的约束力量。

（4）激励功能。企业安全文化所提出的价值观向员工展示了工作的意义，员工在理解工作的意义后，会产生更大的工作动力。一方面用企业的宏观理想和目标激励员工奋发向上；另一方面它也为职工个体指明了成功的标准与标志，使其有了具体的奋斗目标。还可用典型、仪式等行为方式不断强化职工追求目标的行为。

（5）辐射和同化功能。企业安全文化一旦在一定的群体中形成，便会对周围群体产生强大的影响作用，迅速向周边辐射。而且，企业安全文化还会保持一个企业稳定的、独特的风格和活力，同化一批又一批新来者，使他们接受这种文化并继续保持与传播，使企业安全文化的生命力得以持久。

（6）调试功能。企业在安全文化的建设中，可以通过形式多样的活动沟通信息、思想，传递情感，统一认识，创造良好的心理环境，增强员工群体自我承受力、适应性和应变能力，消除心理冲突，化解人际关系的矛盾。同时，为员工群体创造整洁、幽雅、舒适的环境，净化其心灵，让员工群体在轻松愉快的工作环境中感受企业大家庭的温馨，激发其劳动热情，自觉创造和寻求融洽和谐的生产关系，使企业生产经营充满生机、活力。安全文化在企业生产经营管理中协调了生产关系，适应了企业生产力的发展，在此意义上，安全文化具有较强的调试功能。

第二节　企业安全文化建设的基本内容

一、企业安全文化建设的总体要求

企业在安全文化建设过程中，应充分考虑自身内部的和外部的文化特征，引导全体员工的安全态度和安全行为，实现在法律和政府监管要求之上的安全自我约束，通过全员参与实现企业安全生产水平持续提高。

企业安全文化建设的总体模式如图 2—1 所示。

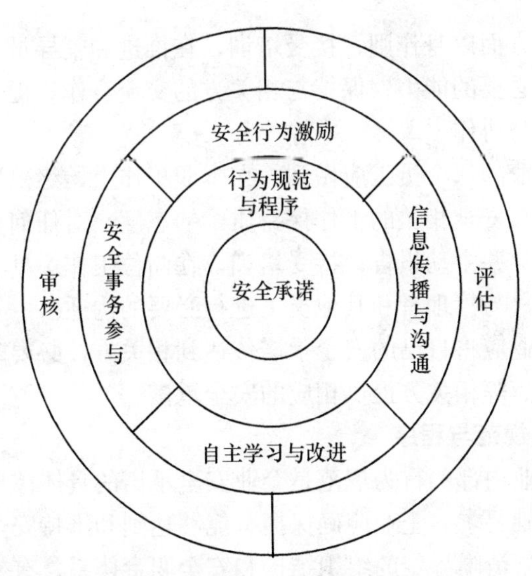

图 2—1　企业安全文化建设的总体模式

二、企业安全文化建设的基本要素

1. 安全承诺

（1）企业应建立包括安全价值观、安全愿景、安全使命和安全目标等在内的安全承诺。

（2）企业的领导者应做到：提供安全工作的领导力，坚持保守决策，以有形的方式表达对安全的关注；在安全生产上真正投入时间和资源；制定安全发展的战略规划以推动安全承诺的实施；接受培训，在与企业相关的安全事务上具有必要的能力；授权组织的各级管理者和员工参与安全生产工作，积极质疑安全问题；安排对安全实践或实施过程的定期审查；与相关方进行沟通和合作。

（3）企业的各级管理者应做到：清晰界定全体员工的岗位安全责任；确保所有与安全相关的活动均采用了安全的工作方法；确保全体员工充分理解并胜任所承担的工作；鼓励和肯定在安全方面的良好态度，注重从差错中学习和获益；在追求卓越的安全绩效、质疑安全问题方面以身作则；接受培训，在推进和辅导员工改进安全绩效上具有必要的能力；保持与相关方的交流合作，促进组织部门之间的沟通与协作。

（4）企业的每个员工应做到：在本职工作上始终采取安全的方法；对任何与安全相关的工作保持质疑的态度；对任何安全异常和事件保持警觉并主动报告；接受培训，在岗位工作中具有改进安全绩效的能力；与管理者和其他员工进行必要的沟通。

（5）企业应将自己的安全承诺传达到相关方，必要时应要求供应商、承包商等相关方提供相应的安全承诺。

2. 行为规范与程序

（1）企业内部的行为规范是企业安全承诺的具体体现和安全文化建设的基础要求。企业应确保拥有能够达到和维持安全绩效的管理系统，建立清晰界定的组织结构和安全职责体系，有效控制全体员工的行为。

（2）程序是行为规范的重要组成部分。企业应建立必要的程序，以实现对与安全相关的所有活动进行有效控制的目的。

3. 安全行为激励

（1）企业在审查和评估自身安全绩效时，除使用事故发生率等消极指标外，还应使用旨在对安全绩效给予直接认可的积极指标。

（2）员工应该受到鼓励，在任何时间和地点，挑战所遇到的潜在不安全实践，并识别所存在的安全缺陷。对员工所识别的安全缺陷，企业应给予及时处理和反馈。

（3）企业宜建立员工安全绩效评估系统，应建立将安全绩效与工作业绩相结合的奖励制度。审慎对待员工的差错，避免过多关注错误本身，而应以吸取经验教训为目的。应仔细权衡惩罚措施，避免因处罚而导致员工隐瞒错误。

（4）企业宜在组织内部树立安全榜样或典范，发挥安全行为和安全态度的示范作用。

4. 安全信息传播与沟通

（1）企业应建立安全信息传播系统，综合利用各种传播途径和方式，提高传播效果。

（2）企业应优化安全信息的传播内容，将组织内部有关安全的经验、实践和概念作为传播内容的组成部分。

（3）企业应就安全事项建立良好的沟通程序，确保企业与政府监管机构和相关方、各级管理者与员工、员工相互之间的沟通。

5. **自主学习与改进**

（1）企业应建立有效的安全学习模式，实现动态发展的安全学习过程，保证安全绩效的持续改进。安全自主学习过程的模式如图 2—2 所示。

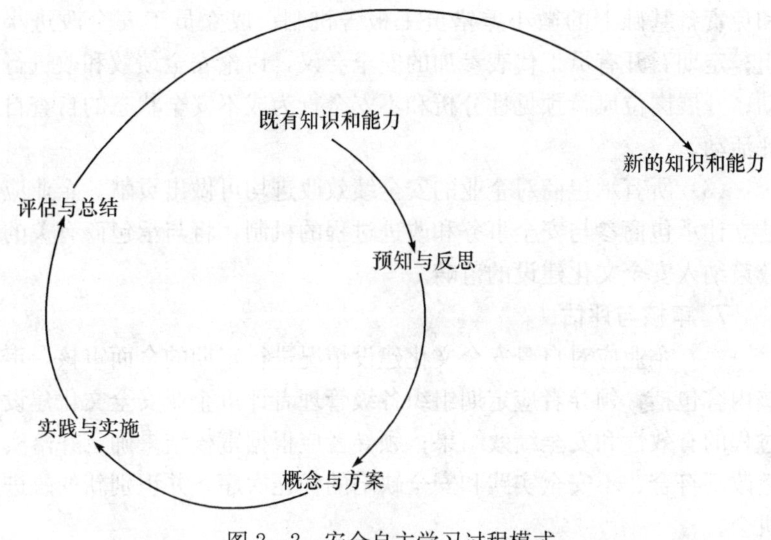

图 2—2　安全自主学习过程模式

（2）企业应建立正式的岗位适任资格评估和培训系统，确保全体员工充分胜任所承担的工作。应制定人员聘任和选拔程序，保证员工具有岗位适任要求的初始条件；安排必要的培训及定期复训，评估培训效果。

（3）企业应将与安全相关的任何事件，尤其是人员失误或组织错误事件，当作能够从中汲取经验教训的宝贵机会与信息资源，从而改进行为规范和程序，获得新的知识和能力。

（4）应鼓励员工对安全问题予以关注，进行团队协作，利用既有知识和能力，辨识和分析可供改进的机会，对改进措施提出建议，并在可控条件下授权员工自主改进。

（5）经验教训、改进机会和改进过程的信息宜编写到企业内部培训课程或宣传教育活动的内容中，使员工广泛知晓。

6. 安全事务参与

（1）全体员工都应认识到自己负有对自身和同事安全做出贡献的重要责任。员工对安全事务的参与是落实这种责任的最佳途径。

（2）员工参与的方式可包括但不局限于以下类型：建立在信任和免责备基础上的微小差错员工报告机制；成立员工安全改进小组；定期召开有员工代表参加的安全会议，讨论安全绩效和改进行动；开展岗位风险预见性分析和不安全行为或不安全状态的自查自评活动。

（3）所有承包商对企业的安全绩效改进均可做出贡献。企业应建立让承包商参与安全事务和改进过程的机制，将与承包商有关的政策纳入安全文化建设的范畴。

7. 审核与评估

（1）企业应对自身安全文化建设情况进行定期的全面审核，审核内容包括：领导者应定期组织各级管理者评审企业安全文化建设过程的有效性和安全绩效结果；领导者应根据审核结果确定并落实整改不符合、不安全实践和安全缺陷的优先次序，并识别新的改进机会。

（2）在安全文化建设过程中及审核时，应采用有效的安全文化评估方法，关注安全绩效下滑的前兆，给予及时的控制和改进。

第三节　企业安全文化建设的途径

一、企业安全文化建设的方法

1. 宣传教育（教育培训体系）

企业安全文化是企业安全生产经验的提炼和升华。企业安全文化建设必须坚持以人为本，依靠群众、发动群众、教育群众，要贴近安全生产、现场管理、职工思想实际，要符合职工的精神渴望和工作需求，让“安全第一”的思想牢牢扎根在每位职工的心中，让遵章守纪成为每名职工的自觉行动，因此需要安全宣传教育培训。

安全教育仅对职工进行“三级教育”是远远不够的，还要进行日常的安全教育。安全教育要有针对性、实用性，要因时、因人施行。除安全教育外，还要定期对职工进行安全培训，安全培训可以和生产技术培训相结合，安全培训在注重安全技术的同时更要注重实际操作。安全培训教育应成为企业经常的、长期的工作，应把它作为生产内容的一部分。在培训中要突出特殊化，开展针对性教育；要突出普遍化，进行全员性教育；要突出实效化，开展情感性教育；要突出形象化，开展经常性教育活动，通过培训实现由要我安全向我要安全的转变。因此，企业安全文化建设应加大安全教育力度，形成安全文化教育培训体系。

2. 科学技术（技术支撑体系）

要实现企业的安全文化建设，必须依靠现代科技进步，提高劳动者的素质及员工的技术水平，要依靠和发展安全科学技术，促进安全生产，保护员工的安全与健康，尊重人权，珍惜生命，这也是全面建设小康社会中极为重要的问题。

建立企业的技术支撑体系，要倡导和鼓励安全科学技术的理论创新、技术创新和方法创新，开发和应用安全科学技术成果的方法；利用科技进步和技术成果保护劳动者的身心安全与健康，为劳动者创造良好的生产、生活环境，利用机械化、自动化、智能化的技术代替人的繁重劳动；利用低毒或无毒的材料代替高毒材料，使职工脱离危害环境，保障员工舒适、高效、安全地进行生产、生活。

3. 制度建设（制度约束体系）

安全制度约束体系是指企业建立健全安全生产规章管理制度。安全生产规章管理制度是企业安全生产管理水平高低的重要标志，安全生产规章制度缺乏或不健全，就不可能搞好安全生产。

安全生产规章管理制度中最重要的是安全生产责任制。安全生产责任制的制定应做到“横向到边，纵向到底”。安全规章管理制度还应包含安全操作规程、安全检查制度、安全教育制度、事故调查报告和处理制度、安全生产奖惩制度、防护用品管理制度、特种设备管理制度等基本制度。

企业制度建设同样应该及时完善安全信息管理制度；建立健全安全信息网络，及时筛选、收集安全信息，及时反馈督促整改；要积极推行正规循环作业，使基层管理人员做到按章指挥，以身作则，按章作业，杜绝突击生产、加班延点的现象发生；要强化安全薄弱环节的治理；要实行工程质量负责制，积极开展创建精品工程、样板工程，提高现场施工质量。

4. 机构建设（机构保障体系）

安全机构保障体系指企业根据实际情况，建立安全管理机构，配备掌握安全管理知识和安全技术知识的安全管理人员。安全工作涉及国家安全政策、法规、标准，安全管理知识和安全技术知识涉及电气安全、防火防爆、机械原理、心理学等数十个学科，没有专业安全管理人员，企业安全生产工作就得不到保障。

二、企业安全文化建设的步骤

1. 建立机构

领导机构可以定为“安全文化建设委员会”，必须由生产经营单位主要负责人亲自担任委员会主任，同时要确定一名生产经营单位高层领导人担任委员会的常务副主任。其他高层领导可以任副主任，有关管理部门负责人任委员。其下还必须建立安全文化办公室，办公室可以由生产（经营）、宣传、党群、团委、安全管理等部门的人员组成，负责日常工作。

2. 制定规划

对本单位的安全生产观念、状态进行初始评估，对本单位的安全文化理念进行定格设计，制订出科学的时间表及推进计划。

3. 培训骨干

培养骨干是推动企业安全文化建设不断更新、发展非做不可的事情。训练内容可包括理论、事例、经验和本企业应该如何实施的方法等。

4. 宣传教育

宣传、教育、激励、感化是传播安全文化、促进精神文明的重要手段。规章制度那些刚性的东西固然必要，但安全文化这种柔性的东西往往能起到制度和纪律起不到的作用。

5. 努力实践

安全文化建设是安全管理中高层次的工作，是实现零事故目标的必由之路，是超越传统安全管理来解决安全生产问题的根本途径。安全文化要在生产经营单位安全工作中真正发挥作用，必须让所倡导的安全文化理念深入员工头脑里，落实到员工的行动上。在安全文化建设过程中，紧紧围绕“安全—健康—文明—环保”的理念，通过采取管理控制、精神激励、环境感召、心理调适、习惯培养等一系列方法，既推进安全文化建设的深入发展，又丰富安全文化的内涵。

第四节　建筑施工企业班组安全文化建设

班组是企业组织生产经营活动的基本单位，是企业最基层的生产管理组织。企业的班组是执行安全规程和各项规章制度的主体，是贯彻和实施各项安全措施的主体，也是杜绝违章操作和重大人身伤亡事故的主体。

班组建设作为企业建设的有机组成，是一切安全生产活动的有效载体，是安全文化的实施者，在企业文化建设当中要有效利用细胞分解的原则加以巩固和提高。企业的安全文化建设必须从班组抓起。班组安全文化建设有利于促进企业文化建设的有效开展，体现以人为本的价值观，从而加强企业安全管理，有利于促进企业可持续发展，体现企业文化的渗透，把握企业活的灵魂。

一、班组安全文化建设的意义

1. 班组安全文化建设是企业安全文化建设的“细胞工程”

积极建设基层班组的安全文化，是为职工提供可靠的安全保障，也是企业安全生产的必要途径。众所周知，企业安全文化是安全管理的基础，只有营造良好的企业安全风气，建立良好的群体安全意识，使基层班组具有安全文化、安全意识和安全素质，企业的安全管理才能理顺，才可能实现安全生产的良性循环。首先，基层班组安全文化建设能够充分调动全员的积极性和主动性，共同搞好安全生产这项系统工程。其次，优秀的班组安全文化，可以不断完善和健全企业的制度文化建设，推动企业的持续发展。

2. 班组安全文化建设是以人为本的“折射镜”

在安全管理中，人是第一要素，在安全生产中起着决定性作用。从各类安全事故中可以看出，安全意识淡薄、“习惯性违章”

的人为因素事故占事故发生数量的绝大部分。因此，杜绝人的不规范行为是安全管理的重要环节。基层班组安全文化建设就是通过各种载体、手段或有效形式，把先进的管理理念、安全技能，潜移默化地影响到每一名职工，使安全思维和安全意识深入职工的内心，从而促使职工队伍素质整体提高，实现人人参与安全管理，人人都是安全员，从根本上消除安全隐患，纠正习惯性违章，确保安全操作规程的落实。

3. 班组安全文化建设是推进企业安全管理工作的“催化剂”

班组安全管理处在基层施工一线，基层班组安全文化建设的程度，直接反映企业安全生产管理的水平，而扎实有效地搞好基层班组安全文化建设，对企业安全生产局势的稳定有着不可或缺、举足轻重的作用。与此同时，安全文化建设有利于安全管理工作的有效实施。基层班组安全文化建设增强了职工的安全意识，企业上下、方方面面，都会从安全的愿望出发，审视周围的安全环境，主观上要求得到安全保障，也就容易发现和提出安全管理方面存在的不足和问题，从而全面推进企业安全管理工作的不断创新和改进。因此，要在总结经验的基础上，深刻认识到基层班组安全文化建设的真正内涵和重要作用，从安全生产、企业管理和发展创新等显而易见的成效上，切实搞好基层班组安全文化建设。

二、班组安全文化建设的途径

1. 严把班组长安全素质关

建筑施工班组安全生产工作要一步一个脚印地迈向更高层次，以保障班组成员的安全与健康，就要严把班组长安全素质关，对班组长进行全方位、多角度的素质培训教育，以更大程度地增加他们的安全文化知识。

要提升班组长的安全素质，首先要确定班组长的素质要求，明确班组长的安全职责；然后采取“教”“学”“做”三者相结合的培训模式对其进行培训。此外，规范班组长选任机制，使其能够有良好的竞争模式，还可对其实施有效的激励机制。

2. 推行班组自我管理与全员参与

鼓励班组成员增强自我管理意识，鼓励班组成员积极参与班组安全文化建设，变他律为自律，变他责为自责。例如，班组可以开展安全“群策、群力、群管”活动，以形成人人献计献策、人人遵章守纪、人人参与安全监督管理的工作氛围；还可以通过让班组成员轮流担当班组安全员，实行人人参与监督、参与管理，在安全生产上发挥带头与引导作用。此外，还可以在班组选举班组安全监督员或开展员工“安全从我做起”自评活动。

3. 实施员工亲情教化

例如，对一般性“三违”的员工采取批评教育、当场指正、不罚款的方法；对“三违”较严重的员工进行罚款，事后寻取其家属的帮助，通过家属对其进行亲情教育；对多次“三违”屡教不改者，就依法“吊销”其“执照”，对其施以待岗培训。这样，即可让员工对安全的态度由以前单纯的上级要求变成对安全的自身需要。

4. 建立作业现场员工行为标准

为了实现现场人员作业状态标准化，可以建立施工现场员工行为标准。例如，进行“6S管理”（整理、整顿、清洁、规范、素养、安全）；实施安全巡检警示制，让作业员工定期到现场按一定巡检路线进行安全检查，并在现场进行挂牌警示，以防止员工误操作引发事故。

5. 进行班组培训优化

为了增强班组成员的学习兴趣，培养班组成员的安全意识，使班组成员的“要我安全”转化为“我要安全”，可以采取灵活多样的培训、教育方式对不同层次不同工种的员工（包括各班组长、技术员、各普通工种、特种作业人员等）进行培训。

例如，采取“理论＋技术＋实物”模式对班组成员进行安全培训（即在培训员工理论、技术的基础上，充分结合现场设施、工具、设备等）；推行“事先预防教育与事故案例教育相结合、单位教育与家庭教育相结合、正面教育与反面教育相结合”对班组成员进行安全教育。

6. 实施设备设施“确认操作制”

为了防止由于误操作而导致事故发生，班组成员在操作前可以实施“顾、查、动、验”的“确认操作制”。即回顾本岗位的操作程序、动作标准以及安全操作规程；查看人机结合面是否存在隐患与缺陷；按标准动作操作设备设施；验证设备设施反馈的信息是否正确，确认所操作的设备设施。

7. 实施作业现场健康条件标准化

为了避免因环境污染而导致的各种员工疾病，防止员工职业病的发生，以及对于员工的某些突发疾病能够及时实施有效的现场救助，保证员工的身体与心理健康，班组可以制定现场卫生清洁标准，置备适量救护车辆、通信系统以及具有卫生急救和基本心理健康方面知识的卫生人员。

8. 实施系统化、科学化的班组安全管理

为了提高班组成员的整体素质、实现班组的安全生产，班组可以通过开展班前“三指”活动（即指明上一班完成任务情况、指明安全规程和应当注意的问题、指出当班任务与具体要求）；实施“六预行为”安全管理模式（预想、预知、预查、预防、预警、预备）；推行班组安全动态管理，开展班组风险防范献计献策活动，让班组成员进行充分交流与沟通，鼓励班组成员将自己亲历但不为人所知的一些未遂事故进行描述，以对班组全体成员起到安全教育作用。

9. 举办班组安全文化活动

为了使班组成员树立正确的安全意识以及掌握更多的安全知识，提高班组成员的安全综合素质，就要多举办班组安全文化活动，并充分调动班组成员参与安全文化活动的积极性。通过举行安全竞赛活动（如安全技能、逃生与救援技能、排查隐患和提出安全合理化建议等），推行班组“安全生产周（月、日）”活动，开展班组安全文艺活动，举行班组安全亲情文化活动，以及开展安全

“警示日”活动，举行“班组安全明星”评选活动等，让班组成员在潜移默化中吸收班组安全文化，树立正确安全意识，提升自身安全素质。

此外，班组安全文化建设还需要在实施方法上讲究科学性、普及性和可操作性，在具体实施途径上做到年有筹划、季有打算、月有安排、日有行动。

总而言之，建筑施工企业班组安全文化建设不是能够一蹴而就、立竿见影的。要搞好施工班组安全文化建设，就必须坚持以人为本、科技先行、尽职尽责的原则，紧紧围绕企业可控、职工在控、社会同控的要求，确保实现基层班组安全文化建设的规范化、完整性和实用性，只有做到上下联动、左右协调，才能逐步形成独具行业特色的班组安全文化。

三、某建筑企业班组安全文化建设案例

1. 案例综述

新疆石油工程建设有限责任公司是新疆石油管理局最大的油田建筑施工企业，于2004年起积极响应集团公司号召，全面开展了“建立企业安全文化”等一系列活动。将2005年确定为“安全文化年”，经公司党委研究制定了“十一五”HSE工作发展规划。确立了公司“以人为本，预防为主”的安全文化理念；确定了“视隐患为事故”的管理思想；确定了“建立安全长效机制，追求零事故、零损失、零伤亡”的安全目标；提出了“创建安全环境，享受美好生活”的公司安全口号。以贯彻集团公司《关于进一步加强安全生产的决定》为契机，全面开展了形式多样的群众文化活动，极大地促进了企业安全管理，烘托了企业安全生产的主题，表现了企业员工安全生产的工作热情和精神面貌。

新疆石油工程建设有限责任公司始建于1956年，有50多年的管理沉积。但从改革开放以来，为尽快步入国内先进施工企业行列，公司经历了与许多国有大中型企业相同的企业整顿、改革重

组、资产优化、完善管理、步入市场等改革发展的全过程。公司主要发挥的就是技术和管理实力，而安全生产作为反映企业综合管理水平的重要内容在该企业也得到了充分的反映。公司多年未发生重大安全生产事故，并连续5年被上级主管部门授予“安全生产模范单位”称号；2002年获得全国总工会“安康杯”竞赛优胜单位荣誉称号。

公司能够多年实现安全生产的经验就是将安全管理与企业现代化管理发展始终同步，其安全管理发展基本可分为三个阶段。第一阶段是于20世纪80年代开始在进行企业整顿的同时，开展了全面的建章立制活动，逐步完善了企业各项规章制度。第二阶段是于90年代中期开始通过企业认证，逐步实现了全面的体系化管理，实现了企业质量、安全、环境管理与国际标准接轨。第三阶段是于21世纪初起，“十一五”时期开始全面建立和弘扬企业安全文化，将企业文化融入企业发展的全过程，表明了企业文化正在以其不可估量的潜在能量融入企业当中，促发着企业不断地发展壮大。

2. 安全文化建设措施

（1）班组安全文化建设的理念

1）零事故目标。任何人都有不受到伤害或者患病的愿望，希望安全。如果把这种愿望化作一种精神财富，总结为“大家一起来向零事故挑战”的全体员工的共同意志，就一定能得到企业全体员工的一致拥护。

2）危险预知原则。要实现零事故目标，必须把岗位一切潜在的危险因素进行预先识别，并加以控制和解决，从根本上防止事故的发生。因而，应在事故发生之前，发现和掌握这些危险因素，同时对那些可能成为事故的危险因素进行预知和预测，并制定有效的削减措施，以防止事故的发生。

3）全员参加原则。全员参加，即大家一起共同站在每个人的立场与工作岗位角度，主动发掘其所在作业场所中可能发生的一切危险因素，以零事故和零伤害为目标，共同努力做到预先推进安全文化理念。

(2) 班组安全文化建设的主要内容

1) 定义。班组风险预知活动是当前安全教育改革的重要内容，也是企业班组安全文化建设的主要内容。该活动是在作业前，班组长或作业负责人利用安全活动时间及班前较短时间进行的群众性的危险预测预防活动，并对全员进行安全技术交底。这是控制人为失误，提高员工安全意识和安全技术素质，落实安全操作规程和岗位责任制，进行岗位安全教育，真正实现“三不伤害”的重要手段。

风险预知活动分风险预知训练和班前讲话活动两个步骤进行。前一阶段主要是发掘风险因素，制定削减措施；后一阶段重点是落实削减措施。

2) 班组风险预知活动的内容。通过风险预知活动，应明确以下几个问题：作业地点、作业人员、作业时间、作业现场状况（风险因素识别）、事故原因分析、潜在事故模式、风险削减措施。

3) 风险预知活动程序。

4) 组织班组风险预知训练必须注意的问题：

①加强领导，要求根据危险源辨识的结果，以 PDCA 循环模式拟订应急预案计划，分批分期下达到班组开展活动，并对实施结果进行评价。

②班组长准备，活动前要求班组长对所进行应急反应计划的主要内容进行初步准备，以便活动时心中有数，进行引导性发言，节约活动时间，提高活动质量。

③全员参加，充分发挥集体智慧，调动群众积极性，使大家在活动中受到教育。风险预知活动应在活跃的气氛中进行，不能一言堂，应让所有班组成员有充分发表意见的机会。风险预知活动分为发现问题、研究重点、提出措施、制定对策四个阶段。

④训练形式直观、多样化，班组长可结合岗位作业状况，画一些作业示意图，便于大家分析讨论。

⑤抓好风险预知训练记录表的审查和整理。预知训练进行到一定阶段，车间应组织有关人员参加座谈会，对已完成题目进行系统审查、修改和完善，归纳形成标准化的教材，作为班前讲话活动的

依据。

5）班前安全活动。班前安全活动是预知训练结果在实际工作中的应用，由作业负责人组织从事该项作业的人员在作业现场利用较短时间进行，要求根据危险预知训练提出的内容对“人、机、料、法、环”进行“五确认”，并将控制措施逐项落实到人。

第五节 建筑施工企业安全文化建设的评价

安全文化评价是为了解企业安全文化现状或企业安全文化建设效果，而采取的系统化测评行为，并得出定性或定量的分析结论。《企业安全文化建设评价准则》（AQ/T 9005—2008）给出了企业安全文化评价的要素、指标、减分指标、计算方法等。

一、评价指标

1. 一般指标

（1）基础特征：企业状态特征、企业文化特征、企业形象特征、企业员工特征、企业技术特征、监管环境、经营环境、文化环境。

（2）安全承诺：安全承诺内容、安全承诺表述、安全承诺传播、安全承诺认同。

（3）安全管理：安全权责、管理机构、制度执行、管理效果。

（4）安全环境：安全指引、安全防护、环境感受。

（5）安全培训与学习：重要性体现、充分性体现、有效性体现。

（6）安全信息传播：信息资源、信息系统、效能体现。

（7）安全行为激励：激励机制、激励方式、激励效果。

（8）安全事务参与：安全会议与活动、安全报告、安全建议、沟通交流。

(9) 决策层行为：公开承诺、责任履行、自我完善。

(10) 管理层行为：责任履行、指导下属、自我完善。

(11) 员工层行为：安全态度、知识技能、行为习惯、团队合作。

2. 减分指标

死亡事故、重伤事故、违章记录。

二、测评计分方法

1. 评分方法

(1) 评分时，只对三级指标进行实际打分，二级指标和一级指标都是通过相应的数学公式和计算方法计分。

(2) 采用“百分制”进行评分，每个指标的最高分为 100 分，最低分为 0 分。

(3) 以“基础特征”指标系的评分作为示例，见表 2—1，其他指标系及总分的评分可参考此例。

表 2—1　　基础特征的评分

一级指标：基础特征				
二级指标	权重（N_i）	三级指标	权重（K_i）	评分（M_i）
优：80～100 分　良：50～79 分　一般：0～49 分				
企业状态特征	0.06	成长性	0.34	
		竞争性	0.27	
		盈利性	0.39	
企业文化特征	0.18	开放性	0.21	
		凝聚力	0.18	
		沟通交流	0.19	
		学习氛围	0.2	
		行为规范	0.22	

续表

二级指标	权重（N_i）	三级指标	权重（K_i）	评分（M_i）
企业形象特征	0.09	知名度	0.42	
		美誉度	0.58	
企业员工特征	0.26	教育水平	0.2	
		工作经验	0.27	
		操作技能	0.28	
		道德水平	0.25	
企业技术特征	0.19	技术先进	0.36	
		技术更新	0.22	
		安全技术	0.42	
监督环境	0.17	监管力度	0.45	
		法规完善	0.55	
经营环境	0.02	人力资源	0.32	
		信息资源	0.38	
		经济实力	0.3	
文化环境	0.03	跨民族文化	0.52	
		地域文化	0.48	

2. 一级指标计算公式

$$J=\sum_{i=1}^{n}K_iM_i \quad E=\sum_{i=1}^{n}N_iJ_i$$

式中 J——二级指标最终得分值；

K_i——三级指标权重；

M_i——三级指标评分值；

n——三级指标的个数；

E——一级指标最终得分值；

N_i——二级指标权重。

3. 总分计算公式

$$Z=\sum_{i=1}^{n} Z_i E_i$$

式中 Z——对该企业安全文化建设测评的总分；

Z_i——一级指标权重；

E_i——一级指标得分值。

每个一级指标的考核得分乘以各自对应的权重，然后相加得到企业安全文化测评总分值。

三、全国安全文化建设示范企业评价标准

国家安全生产监督管理总局办公厅于2012年8月21日公布了《全国安全文化建设示范企业评价标准（修订版）》。

1. 评价指标

评价指标分为三类指标，分别是基本条件、组织保障、安全理念、安全制度、安全环境、安全行为、安全教育、安全诚信、激励制度、全员参与、职业健康、持续改进、加分项，见表2—2。其中Ⅰ类一级指标1个（二级指标3个）；Ⅱ类一级指标11个（二级指标50个），满分300分；Ⅲ类一级指标1个（二级指标4个），满分24分。

表2—2 全国安全文化建设示范企业评价标准（修订版）

序号	指标类别	一级指标	二级指标	评价	备注
1	Ⅰ类	基本条件	1. 企业在申报前3年内未发生死亡或一次3人（含）以上重伤生产安全责任事故		基本条件不打分
			2. 获得省级安全文化建设示范企业命名		
			3. 安全生产标准化一级企业		
2	Ⅱ类	组织保障	1. 设置安全文化建设的组织管理机构和人员，并制定工作制度（办法）		

续表

序号	指标类别	一级指标	二级指标	评价	备注
2	Ⅱ类	组织保障	2. 按规定提取、使用安全生产费用，把安全生产宣传教育经费纳入年度费用计划，保证安全文化建设的投入		
			3. 制定安全文化建设的实施方案、规划目标、方法措施等		
			4. 定期公开发布企业安全诚信报告，接受工会组织、群众的监督		
3	Ⅱ类	安全理念	5. 安全理念体系完整，安全理念、安全愿景、安全使命、安全目标等内容通俗易懂，切合企业实际，具有感召力		
			6. 体现“以人为本”“安全发展”“风险预控”等积极向上的安全价值观和先进理念		
			7. 广泛传播安全理念，所有从业人员参与安全理念的学习与宣贯，并能够理解、认同		
4	Ⅱ类	安全制度	8. 建立健全科学完善的安全生产各项规章制度、规程、标准		
			9. 建立健全安全生产责任制度，领导层、管理层、车间、班组和岗位安全生产责任明确，逐级签订安全生产责任书		
			10. 制定安全检查制度和隐患排查整治理及效果评估制度		
			11. 建立生产安全事故报告、记录制度和整改措施监督落实制度		
			12. 建立应急救援及处置程序		
5	Ⅱ类	安全环境	13. 生产环境、作业岗位符合国家、行业的安全技术标准，生产装备运行可靠，在同行业内具有领先地位		

续表

序号	指标类别	一级指标	二级指标	评价	备注
5	Ⅱ类	安全环境	14. 危险源（点）和作业现场等场所设置符合国家、行业标准的安全标识和安全操作规程等		
			15. 车间墙壁、上班通道、班组活动场所等设置安全警示、温情提示等宣传用品。设立安全文化廊、安全角、黑板报、宣传栏等安全文化阵地，每月至少更换一次内容		
			16. 充分利用传统媒体与新兴媒体等媒介手段，采用演讲、展览、征文、书画、文艺汇演等形式，创新方式方法，加强安全理念和知识技能的宣传		
			17. 有足够使用的安全生产书籍、音像资料和省级以上安全生产知识传播的报纸、杂志，每年有不少于2篇在省级（含）以上新闻媒体刊登的安全生产方面的创新成果、经验做法和理论研究方面的文章		
6	Ⅱ类	安全行为	18. 从业人员严格执行安全生产法律法规和规章制度		
			19. 从业人员熟知、理解企业的安全规章制度和岗位安全操作规程等，并严格正确执行		
			20. 各岗位人员熟练掌握岗位安全技能，能够正确识别处理安全隐患和异常		
			21. 从业人员知晓由于不安全行为所引发的危害与后果，形成良好的行为规范		
			22. 建立考核从业人员行为的制度，实施有效监控和纠正的方法		
			23. 为从业人员配备与作业环境和作业风险相匹配的安全防护用品，从业人员能按国家标准或行业标准要求自觉佩戴劳动保护用品		

续表

序号	指标类别	一级指标	二级指标	评价	备注
6	Ⅱ类	安全行为	24. 从业人员具有自觉安全态度，具有强烈的自我约束力，能够做到不伤害自己、不伤害他人、不被别人伤害、不使他人受到伤害		
			25. 主动关心团队安全绩效，对不安全问题保持警觉并主动报告		
7	Ⅱ类	安全教育	26. 制定订全生产教育培训计划，建立培训考核机制		
			27. 定期培训，保证从业人员具有适应岗位要求的安全知识、安全职责和安全技能		
			28. 从业人员 100%依法培训并取得上岗资格，特殊工种持证上岗率 100%，特殊岗位考核选拔上岗		
			29. 每季度不少于 1 次全员安全生产教育培训或群众性安全活动，每年不少于 1 次企业全员安全文化专题培训，有影响，有成效，有记录		
			30. 建立企业内部培训教师队伍，或与有资质的培训机构建立培训服务关系，有安全生产教育培训场所或安全生产学习资料室		
			31. 从业人员有安全文化手册或岗位安全常识手册，并理解掌握其中内容		
			32. 每年举办一次全员应急演练活动和风险（隐患或危险源）辨识活动		
			33. 积极组织开展安全生产月各项活动，有方案、有总结		
8	Ⅱ类	安全诚信	34. 健全完善安全生产诚信机制，建立安全生产失信惩戒制度		

续表

序号	指标类别	一级指标	二级指标	评价	备注
8	Ⅱ类	安全诚信	35. 企业主要负责人及各岗位人员都公开作出安全承诺，签订安全生产承诺书。安全生产承诺书格式规范，内容全面、具体，承诺人签字		
			36. 企业积极履行社会责任，具有良好的社会形象		
9	Ⅱ类	激励制度	37. 制定安全绩效考核制度，设置明确的安全绩效考核指标，并把安全绩效考核纳入企业的收入分配制度		
			38. 对违章行为、无伤害和轻微伤害事故，采取以改进缺陷、吸取经验、教育为主的处理方法		
			39. 对安全生产工作方面有突出表现的人员给予表彰奖励，树立榜样典型		
10	Ⅱ类	全员参与	40. 从业人员对企业落实安全生产法律法规以及安全承诺、安全规划、安全目标、安全投入等进行监督		
			41. 从业人员参与安全文化建设		
			42. 建立安全信息沟通机制，确保与各级主管和安全管理部门保持良好的沟通协作，鼓励员工参与安全事务，采纳员工的合理化建议		
			43. 建立安全观察和安全报告制度，对员工识别的安全隐患，及时处理和反馈		
11	Ⅱ类	职业健康	44. 建立完善的职业健康保障机制，建立职业病防治责任制		
			45. 按规定申报职业病危害项目，为从业人员创造符合国家职业卫生标准和要求的工作环境和条件，并采取措施保障从业人员的职业安全健康		

续表

序号	指标类别	一级指标	二级指标	评价	备注
11	Ⅱ类	职业健康	46. 工会组织依法对职业健康工作进行监督，维护从业人员的合法权益		
			47. 企业定期对从业人员进行健康检查并达到标准要求，维护从业人员身心健康		
12	Ⅱ类	持续改进	48. 建立信息收集和反馈机制，从与安全相关的事件中吸取教训，改进安全工作		
			49. 建立安全文化建设考核机制，企业每年组织开展安全文化建设绩效评估，促进安全文化建设水平的提高		
			50. 加强交流合作，吸收借鉴安全文化建设的先进经验和成果		
13	Ⅲ类	加分项	1. 近3年内获得省（部）级及以上安全生产方面的表彰奖励		
			2. 通过职业安全卫生管理体系认证		
			3. 实行安全生产责任保险		
			4. 安全文化体系具有鲜明的特色和行业特点，形成品牌，开展群众性的创新活动		

2. 评分说明

（1）Ⅰ类二级指标是否决项，不参与评分。

（2）每个Ⅱ类二级指标评定分数为0～6分。6分：该指标完成出色；5分：该指标已完成落实并符合要求，实施情况好；4分：该指标已完成落实并符合要求，实施情况较好；3分：该指标已经完成落实并符合要求，但实施效果一般；2分：该指标已经部分完成落实；1分：该指标已经部分完成落实，但存在严重缺陷；0分：该指标空白。

（3）每个Ⅲ类二级指标评定分数为0分或6分。

（4）Ⅰ类二级指标中有任何一项不合格的企业（行业未要求开展企业安全生产标准化建设的要注明），或Ⅱ类二级指标中出现0分指标，或Ⅱ类指标得分总和低于270分（含），均不能申报“全国安全文化建设示范企业”。

（5）按Ⅱ类、Ⅲ类指标得分总和依次排序，高分的优先申报。

第三章
建筑施工企业安全精神文化建设

第一节　建筑施工企业安全理念

一、安全理念的作用

企业安全理念不仅揭示着企业安全生产的规律，还明确界定了企业安全生产的主导思想和方向目标。正确合理的安全理念能够鼓舞斗志、激人奋进，使企业全体员工保持良好的精神状态、身体状态和精神风貌，凝聚全员力量，保障企业安全运转正常，实现安全生产目标。

企业安全理念是企业员工核心安全价值观体系的基础，它旗帜鲜明地指出了企业员工面对企业安全各事项应当具备的态度和认知，为包括决策者、管理者、操作者的企业全体员工在企业日常生产过程中判断行为安全与否，明确价值取向，做出科学选择，提供了基本规范和价值标准。

二、建筑施工企业安全理念的建立

安全理念需要培育和提炼，一个单位在长期的安全生产实践中，通过不断培育和凝练才能形成具有自身特点的安全文化理念体系。

（1）要弘扬职工认同的先进的安全文化理念，通过实践不断汲取、融入、整合、创新，培育富有活力的安全文化，打造安全文化核心理念。

（2）凝练安全理念就是要凝结安全文化的企业精神。企业精神是企业发展的凝聚剂和催化剂，是企业树立的群体意识，对企业全体成员具有导向、凝聚和激励的作用。

（3）要建立企业安全文化的共同目标，使之成为全体员工共有的理想信念、价值观念和行为准则。

三、安全理念集锦

1. 安全的性质

（1）安全第一，预防为主。

（2）安安全全工作，轻轻松松生活。

（3）安不忘危，乐不忘忧。

（4）安全别放松，放松栽跟头。

（5）安全不等于有一切，但失去安全就失去一切。

（6）安全不是口头禅，时时事事记心间。

（7）安全差一念，事故近一线。

2. 安全生命观

（1）以人为本，健康安全。

（2）安全＝生命＝效益。

（3）安全伴君一生，生命只有一次。

（4）安全不好，生命不保。

（5）安全工作无小事，人命关天是大事。

（6）安全是生命，冒险是拼命，蛮干是不要命。

（7）安全是生命的保护伞。

3. 安全和谐幸福观

（1）安全得之于众人之力，失之于一人之手。

（2）安全连着你我他，平安幸福系大家。

（3）安全牵动千万家，时时刻刻都要抓。

（4）不伤害自己，不伤害他人，不被他人伤害。

（5）你的责任，我的安全；你的麻痹，我的危险。

4. 安全效益观

（1）安全第一，效益第二。

（2）安全是：企业之本，效益之源，班组之魂。

（3）安全生产，效益之泉；生活安全，欢乐之源。

（4）安全生产搞得好，小康生活来得早。

（5）安全是个聚宝盆，属于守法遵章人。

5. 安全政治观

（1）安全第一，预防为主。

（2）安全大于天，责任重于泰山。

（3）安全高于一切，重于一切，压倒一切。

（4）安全利国、利民、利自己，违章害人、害己、害企业。

（5）安全是根绳，一头系着国家和企业，一头系着自己和家庭。

（6）始终坚持把人民生命安全放在首位。

6. 安全法制

（1）爱国守法、明礼诚信、团结友善、勤俭自强、敬业奉献。

（2）安全法规是个宝，贯彻实施不可少。

（3）安全生产法，人人都来抓。

（4）安全为天，无法则无天。

（5）操作规程就是法，谁不守法受惩罚。

（6）麻痹与麻烦同姓，侥幸和不幸同名；动作规范少一步，靠近事故一大步。

7. 安全责任

（1）以人为本、责任在我。

（2）爱岗敬业是本分，遵章守纪是责任。

（3）安安全全搞生产，平平安安每一天。

（4）安全承包责任明，人人都把合同订；产量安全同考核，安全生产有保证。

（5）安全应责任到人，监护到位，措施到底。

(6) 安全责任重于山，天天安全合家欢。

(7) 爱妻爱子爱家庭，忽略安全等于零。

(8) 安全不到家，事故要找他。安全做到家，幸福每一家。

8. 遵章守纪

(1) 违章就是事故，违章具有五害：害人、害己、害家、害企业、害领导。

(2) 安全操作莫马虎，违章容易出事故。

(3) 安全第一忘不得，违章作业干不得，侥幸心理要不得。

(4) 安全铺出幸福路，违章等于自掘墓。

(5) 爱岗敬业是本分，遵章守纪是责任。

(6) 安全操作一阵子，美好生活一辈子。

(7) 安全第一是灵魂，杜绝违章是根本。

(8) 百日遵章人未闻，一时疏忽酿祸端。

9. 安全心理

(1) 安全出在细心处，失败多在得意时。

(2) 安全第一须牢记，切莫粗心和大意。

(3) 安全来自警惕，事故出于麻痹。巧干带来安全，蛮干招来祸端。

(4) 安全来自长期警惕，事故出于瞬间麻痹。

(5) 半分疏忽生事端，一丝不苟保安全。

10. 安全管理

(1) 安全第一，科学管理，生产高效，流通顺畅。

(2) 安全生产要规范，科学管理是条件。

(3) 创建本质安全，实现安全生产。

(4) 工作思路有花样，安全工作树榜样。

(5) 管理不善，事故不断。

(6) 管生产必须管安全。

(7) 管是疼，严是爱，迁就姑息招祸灾。

11. 安全隐患与事故预防

(1) 居安思危，思则有备，有备无患。

（2）安而不忘危，存而不忘亡，治而不忘乱。

（3）安全不抓等于自杀，隐患不除等于服毒。

（4）安全工作松一寸，事故灾难进一尺。

（5）安全如千里长堤，隐患如一孔蚁穴。

（6）按规范，除隐患，保安全，促生产。

12. 安全教育培训

（1）安全多下“及时雨”，教育少放“马后炮”。

（2）安全技术不学习，遇到事故干着急；平时多练基本功，安全生产显神通。

（3）安全教育，不可中断；安全防范，不可忽视。

（4）安全教育不能少，事故教训要记牢。

（5）安全在心中，时刻敲警钟；经验有优劣，规程作鉴别。

13. 班组安全

（1）安全是企业之本，效益之源，班组之魂。

（2）班前喝大酒，事故跟你走；班中睡大觉，事故把你找。

（3）班前讲安全，脑中添根弦；班中查安全，操作少危险；班后比安全，警钟常回旋。

（4）日常工作防微杜渐，处理故障沉着应变。

14. 安全技术

（1）安全帽一边扔，头部上面“打补丁”。

（2）措施到位，安而无危。

（3）防火防电防伤害层层设防，查人查事查隐患样样清查。

（4）预防措施落实早，安全隐患无处逃。

（5）争时间，不忘安全规章；抢速度，不少安全措施。

（6）自控、互控、他控，安全不会失控。

第二节 建筑施工企业安全道德

一、安全道德素质对安全生产的影响

1. 安全道德与安全生产在本质上是一致的

道德是社会中人与人之间、个人与整体之间关于价值观念、意识形态、是非标准等方面的普遍认识和共同准则，是维系一个社会得以存在的、稳固的重要力量。

安全生产是人类在创造物质财富时保护生产力的一种积极、友善的态度和行为，是人们处理好自身与生产关系的一种理性行为，是社会整体利益的体现。由于安全生产的特殊性，安全生产的受益者不仅是某个人，而且是某个企业整体，乃至整个社会。因此，安全生产与社会主义安全道德建设在本质上是一致的。良好的道德有利于改善人与人的关系、人与设备的关系，从而促进安全生产；反过来，安全生产的行动有利于改善人与人的关系、人与设备的关系，又可促进安全道德建设。

2. 安全道德建设与安全生产管理是密切相关的

社会公德、职业道德、家庭美德是社会主义道德的重要内容，它们与安全生产有着十分密切的关系。

安全生产要求安全工作者具有良好的职业道德，树立起个人对社会、对他人的义务观念、责任观念、道德观念和良好的修养，树立起社会主义敬业、勤业、精业、乐业意识。安全生产要求安全工作者在社会生活中、生产实践中与人际交往中举止端庄、语言文明、尊重他人、诚实可信、遵守契约，自觉用法律、规定、道德、文明公约来约束自己；还要求安全工作者在本职工作中勤政务实、廉洁奉公、密切联系群众，以最广大群众的最大利益为出发点，保护生产力，发展生产力。

3. 安全道德与安全生产是相互促进的

首先，道德表现为强大的社会舆论力量，依靠这种巨大的社会力量影响和制约人们的思想情绪，达到调节人的行为的目的。其次，道德常表现为人的行为的自觉性，依靠在人们思想深处的自我控制力量起作用，因此，在一定程度上减轻了安全管理的难度。再次，道德的作用具有广泛性和普遍性，它可以通过舆论和信念深入安全生产法律还没有或无法涉及的某些领域中去。最后，道德的作用具有持久性，人们在生产、生活、生存领域一旦形成良好的安全道德，就能持续地发挥作用。

二、企业良好道德规范的形成

企业良好的道德规范是增强企业凝聚力的手段，是协调职工同事关系的法宝。企业良好道德规范的形成主要取决于自我教育和自我改造。从业人员要明确培养职业道德修养的方法：学习、反省、慎独，要树立正确的人生观，从培养良好行为习惯入手，用先进人物的优秀品质激励自己，与旧思想、旧意识做斗争。

三、建筑施工企业良好道德规范的具体表现

1. 文明礼貌

文明礼貌指人们的行为和精神面貌符合先进文化的要求。文明礼貌的具体要求如下：

（1）仪表端庄。要做到：着装得体大方，鞋袜搭配合理，饰品和化妆要适当，面部、头发和手指要整洁，站姿端正。

（2）语言规范。要做到：语感自然，语气亲切，语调柔和，语流适中，语言简练，语意明确。

（3）举止得体。要做到：态度恭敬，表情从容，行为适度，形象庄重。

（4）待人热情。要做到：微笑迎客，亲切友好，主动热情。

（5）文明生产。要做到：生产的组织者和劳动者要语言方雅、行为端正、技术熟练，以主人翁态度从事生产活动；工序与工序之间、车间与车间之间、企业与企业之间要发扬协作精神，互相学习，取长补短，互相支援，共同提高；管理严密，纪律严明；企业环境卫生整洁、优美无污染；生产达到优质、低耗高效。

2. 爱岗敬业

爱岗敬业作为最基本的职业道德规范，是对人们工作态度的一种普遍要求。爱岗就是热爱自己的工作岗位，热爱本职工作，敬业就是要用一种恭敬严肃的态度对待自己的工作。

爱岗敬业的最高要求是：投身于社会主义事业，把有限的生命投入到无限的为人民服务中去。爱岗敬业的具体要求如下：

（1）树立职业理想。所谓职业理想，是指人们对未来工作部门和工作种类的向往和对现行职业发展将达到什么水平、程度的憧憬。

（2）强化职业责任。职业责任是指人们在一定职业活动中所承担的特定的职责，它包括人们应该做的工作和应该承担的义务。职业活动是人一生中最基本的社会活动，职业责任是由社会分工决定的，是职业活动的中心，也是构成特定职业的基础，往往通过行政甚至法律的方式加以确定和维护。

（3）提高职业技能。职业技能也称职业能力，是人们进行职业活动、履行职业责任的能力和手段。职业技能是发展自己和服务人民的基本条件。

3. 诚实守信

诚，就是真实不欺，尤其是不自欺，主要是个人内持品德；信，就是真心实意地遵守履行诺言，特别是不欺人，它主要是处理人际关系的准则和行为。诚实守信的具体要求如下：

（1）忠诚所属企业。要做到：诚实劳动，关心企业发展，遵守合同和契约。

（2）维护企业信誉。企业信誉和形象的树立主要依赖产品质量、服务质量、信守承诺三个要素。

（3）保守企业秘密。

4. 遵纪守法

所谓遵纪守法，指的是每个从业人员都要遵守纪律和法律，尤其要遵守职业纪律和与职业活动有关的法律法规。遵纪守法的具体要求如下：

（1）学法、知法、守法、用法。要做到：学法、知法，增强“法律面前一律平等”观念和“权利与义务”观念。守法，遵守法律法规，依据法律行事。要学会用法护法，维护正当权益。

（2）遵守企业纪律和规范。要做到：遵守劳动纪律，遵守保密纪律，遵守组织纪律，遵守群众纪律。必须了解与自己所从事的职业相关的岗位规范、职业纪律和法律法规；要严格要求自己，在实践中养成遵纪守法的良好习惯；要敢于同不良现象做斗争。

5. 团结互助

团结互助能够营造人际和谐氛围，增强企业内聚力。团结互助的具体要求如下：

（1）平等尊重。要做到：上下级之间平等尊重，同事之间相互尊重，师徒之间相互尊重。

（2）顾全大局。在处理个人和集体利益的关系上，要树立全局观念，不计较个人利益，自觉服从整体利益的需要。

（3）互相学习。互相学习是团结互助道德规范的中心一环。

（4）加强协作。在职业活动中，为了协调从业人员之间，包括工序之间、工种之间、岗位之间、部门之间的关系，完成职业工作任务，彼此之间互相帮助、互相支持、密切配合、搞好协作。要正确处理好主角与配角的关系，正确看待合作与竞争，竞争的基本原则是既竞争又协作。

6. 开拓创新

开拓创新是时代的需要，没有创新的企业是没有希望的企业。开拓创新的具体要求如下：

（1）要有创造意识和科学思维。要有创新精神，要有敏锐的发现问题的能力，要善于大胆设想，要确立科学的思维。

（2）要有坚定的信心和意志。要做到：坚定信心，不断进取；坚定意志，顽强奋斗。

第三节　建筑施工企业安全法制

一、安全法制建设的必要性和紧迫性

安全生产法律法规是安全生产监督管理的依据，对保障安全生产具有重要意义。安全法制建设的必要性和紧迫性具体表现如下：

（1）法制观念有待加强。虽然各级安全监管监察人员的法制观念和执法水平有了很大提高，但是与依法行政、依法监管的要求仍有较大差距。有的监管人员没有真正认识到依法治国、依法行政、依法治安的重要性和深刻内涵，不熟悉、不懂得法律手段和法制在政府管理社会公共事务以及市场监管中的重要地位和作用，遇到问题不是依法办事，而是凭“感觉”和经验办事。

（2）安全生产立法有待完善。虽然安全生产立法的数量不少，但还没有健全上位法与下位法、国家法与地方法、专门法与相关法、实体法与程序法之间相互衔接配套、统一和谐的安全生产法律体系。

（3）行政执法机构力量有待充实。现有的行政执法力量与其承担的工作任务和责任很不适应，编制少、任务重、责任和压力大。

（4）执法人员法律素质和执法水平有待提高。安全监管监察机构和行政执法队伍成立较晚，由于一些安全生产监管执法人员的法律素质、专业素质和工作能力及经验欠缺，在短时间内难以胜任繁重而复杂的监管执法工作，以至于有的地方安全监管监察不到位，行政执法力度衰减，甚至出现行政不作为或者滥作为的行政违法行为，引发了一些行政复议和行政诉讼案件。

（5）安全生产法制宣传教育有待深入。近年来法制宣传教育拓

展到一定的广度和深度，但是对《安全生产法》等许多重要的安全生产法律、法规、规章的宣传学习远未到位，仍有走过场和不深不透的现象，存在着死角和盲区，没有做到家喻户晓、耳熟能详。因此，安全生产法制建设依然任重道远。

二、安全生产法律体系框架

安全生产法律体系，是包含多种法律层次和法律形式的综合性系统。从法律规范的形式和特点来讲，安全生产法律体系既包括作为整个安全生产法律法规基础的宪法规范，也包括行政法律规范、技术性法律规范、程序性法律规范。我国安全生产法律体系框架如图 3—1 所示。

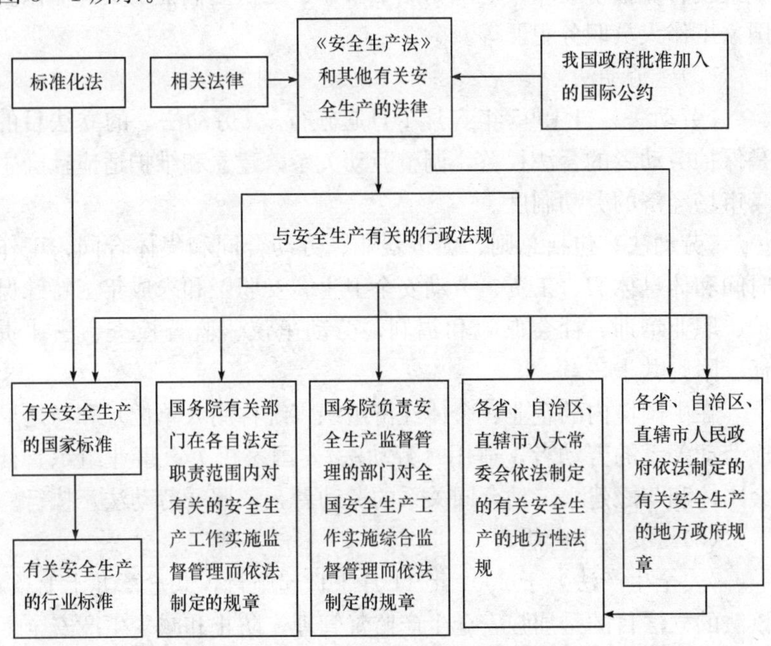

图 3 1 我国安全生产法律体系框架

三、建筑企业安全生产相关的法律法规

1. 法律

（1）《刑法》

《刑法》由第八届全国人民代表大会第五次会议通过，自1997年10月1日起施行。2006年6月29日第十届全国人民代表大会常务委员会第22次会议通过了《刑法修正案（六）》，对有关安全生产犯罪的条文做出了重要修改和补充。

《刑法》中有关安全生产的罪责、重大责任事故罪、强令违章冒险作业罪、重大劳动安全事故罪、大型群众性活动重大事故罪、不报或者谎报事故罪、危险物品肇事罪、提供虚假证明文件罪以及国家工作人员职务犯罪等。

（2）《劳动法》

《劳动法》自1995年5月1日起施行。《劳动法》的立法目的是保护劳动者的合法权益，调整劳动关系，建立和维护适应社会主义市场经济的劳动制度。

《劳动法》包括总则、促进就业、劳动合同和集体合同、工作时间和休息休假、工资、劳动安全卫生、女职工和未成年工特殊保护、职业培训、社会保险和福利、劳动争议、监督检查、法律责任、附则共十三章。

在中国境内的企业、个体经济组织（统称用人单位）和与之形成劳动关系的劳动者，适用《劳动法》。国家机关、事业组织、社会团体和与之建立劳动合同关系的劳动者，依照《劳动法》执行。

（3）《安全生产法》

《安全生产法》于2002年11月1日起施行，共七章九十七条。该法的立法目的是加强安全生产监督管理，防止和减少生产安全事故，保障人民群众生命和财产安全，促进经济发展。

《安全生产法》的核心内容包括：五方运行机制；两结合监管体制；七项基本法律制度；三套对策体系；生产经营单位主要负责

人的六项责任；从业人员的权利和义务；38 种违法行为；13 种处罚方式。

（4）《建筑法》

《建筑法》由 1997 年 11 月 1 日第八届全国人民代表大会常务委员会第 28 次会议通过，于 1998 年 3 月 1 日起实施，2011 年 4 月 22 日第十一届全国人民代表大会常务委员会第 20 次会议《关于修改〈中华人民共和国建筑法〉的决定》对其进行修正。该法的立法目的是加强对建筑活动的监督管理，维护建筑市场秩序，保证建筑工程的质量和安全，促进建筑业健康发展。

《建筑法》分总则、建筑许可、建筑工程发包与承包、建筑工程监理、建筑安全生产管理、建筑工程质量管理、法律责任、附则，共八章八十五条。

（5）《消防法》

《消防法》由 2008 年 10 月 28 日第十一届全国人民代表大会常务委员会第五次会议修订通过，自 2009 年 5 月 1 日起施行。该法的立法目的是预防火灾和减少火灾危害，加强应急救援工作，保护人身、财产安全，维护公共安全。

《消防法》分总则、火灾预防、消防组织、灭火救援、监督检查、法律责任、附则，共七章七十四条。

（6）《突发事件应对法》

《突发事件应对法》于 2007 年 8 月 30 日经第十届全国人民代表大会常务委员会第 29 次会议审议通过，自 2007 年 11 月 1 日起施行。该法的立法目的是预防和减少突发事件的发生，控制、减轻和消除突发事件引起的严重社会危害，规范突发事件应对活动，保护人民生命财产安全，维护国家安全、公共安全、环境安全和社会秩序。

《突发事件应对法》分为总则、预防与应急准备、监测与预警、应急处置与救援、事后恢复与重建、法律责任、附则，共七章七十条。

（7）《职业病防治法》

《职业病防治法》自2002年5月1日起施行，根据2011年12月31日《全国人民代表大会常务委员会关于修改〈中华人民共和国职业病防治法〉的决定》修订。

《职业病防治法》的立法目的是预防、控制和消除职业病危害，防治职业病，保护劳动者健康及其相关权益，促进经济发展。该法所称职业病是指企业、事业单位和个体经济组织等用人单位的劳动者在职业活动中，因接触粉尘、放射性物质和其他有毒、有害因素而引起的疾病。

《职业病防治法》分总则、前期预防、劳动过程中的防护与管理、职业病诊断与职业病病人保障、监督检查、法律责任、附则，共七章七十九条。

2. 法规

(1)《建筑工程安全生产管理条例》

《建筑工程安全生产管理条例》由2003年11月24日国务院第393号令公布，自2004年2月1日起施行。该法的立法目的是加强建设工程安全生产监督管理，保障人民群众生命和财产安全。

在中华人民共和国境内从事建设工程的新建、扩建、改建和拆除等有关活动及实施对建设工程安全生产的监督管理，必须遵守《建设工程安全生产管理条例》。本条例所称建设工程，是指土木工程、建筑工程、线路管道和设备安装工程及装修工程。

《建筑工程安全生产管理条例》分总则、建设单位的安全责任、勘察、设计、工程监理及其他有关单位的安全责任，施工单位的安全责任，监督管理，生产安全事故的应急救援和调查处理，法律责任，附则，共八章七十一条。

(2)《安全生产许可证条例》

《安全生产许可证条例》经2004年1月7日国务院第34次常务会议通过，自2004年1月13日起施行。《安全生产许可证条例》的立法目的是严格规范安全生产条件，进一步加强安全生产监督管理，防止和减少生产安全事故。《安全生产许可证条例》的适用范围涵盖了在我国国家主权所及范围内从事矿产资源开发、建筑施工和危险化学品、烟花爆竹、民用爆破器材生产等活动。主要内容包括明确安全生产许可的对象、实施行政许可的部门以及有关行政许可的监督管理等。

依照《建筑法》和《建设工程安全生产管理条例》的规定，施工单位不论是否具有法人资格，都要取得相应等级的资质，并申请领取建筑施工许可证。鉴于建筑施工活动具有流动性大、独立作业的特点，除了将建筑施工企业作为安全生产许可证的发证对象外，也要考虑安全生产许可证与施工单位资质等级和施工许可证发证对象的一致性，对独立从事建筑施工活动的施工单位颁发安全生产许可证。

建筑施工单位安全生产许可证实行国家和省两级发证。《安全生产许可证条例》第四条规定："国务院建设行政主管部门负责中央管理的建筑施工企业安全生产许可证的颁发和管理。省、自治区、直辖市人民政府建设行政主管部门负责前款规定以外的建筑施工企业安全生产许可证的颁发和管理，并接受国务院建设行政主管部门的指导和监督。"根据该条规定，除中央管理的建筑施工企业以外的其他建筑施工企业，都要向省级建设行政主管部门申请领取安全生产许可证，而后再向工程所在地县级以上建设行政主管部门申请领取建筑施工许可证。

（3）《生产安全事故报告和调查处理条例》

《生产安全事故报告和调查处理条例》自2007年6月1日起施行，其目的是规范生产安全事故的报告和调查处理，落实生产安全事故责任追究制度，防止和减少生产安全事故。

该条例适用于生产经营活动中发生的造成人身伤亡或者直接经济损失的生产安全事故的报告和调查处理，不适用于环境污染事故、核设施事故、国防科研生产事故的报告和调查处理。

（4）《特种设备安全监察条例》

《特种设备安全监察条例》由2003年3月11日国务院第373号令公布，根据2009年1月24日《国务院关于修改〈特种设备安全监察条例〉的决定》修订，自2009年5月1日起施行。

条例分为总则、特种设备的生产、特种设备的使用、检验检测、监督检查、事故预防和调查处理、法律责任、附则，共八章一百零三条。

《特种设备安全监察条例》规定，特种设备指涉及生命安全、危险性较大的锅炉、压力容器（含气瓶）、压力管道、电梯、起重机械、客运索道、大型游乐设施和场（厂）内专用机动车辆。特种设备的生产（含设计、制造、安装、改造、维修）、使用、检验检测及其监督检查，应当遵守本条例，但本条例另有规定的除外。

（5）《危险化学品安全管理条例》

《危险化学品安全管理条例》由 2002 年 1 月 26 日国务院第 344 号令公布，在 2011 年 2 月 16 日修订通过，自 2011 年 12 月 1 日起施行。《危险化学品安全管理条例》的立法目的是加强危险化学品的安全管理，预防和减少危险化学品事故，保障人民群众生命财产安全，保护环境。

《危险化学品安全管理条例》的适用范围是危险化学品生产、储存、使用、经营和运输的安全管理。废弃危险化学品的处置，依照有关环境保护的法律、行政法规和国家有关规定执行。本条例所称危险化学品，是指具有毒害、腐蚀、爆炸、燃烧、助燃等性质，对人体、设施、环境具有危害的剧毒化学品和其他化学品。

（6）《工伤保险条例》

《工伤保险条例》由 2003 年 4 月 27 日国务院第 375 号令公布，根据 2010 年 12 月 20 日《国务院关于修改〈工伤保险条例〉的决定》修订，自 2011 年 1 月 1 日起施行。《工伤保险条例》的目的是保障因工作遭受事故伤害或者患职业病的职工获得医疗救治和经济补偿，促进工伤预防和职业康复，分散用人单位的工伤风险。

该条例分为总则、工伤保险基金、工伤认定、劳动能力鉴定、工伤保险待遇、监督管理、法律责任、附则，共八章六十七条。

《工伤保险条例》规定，用人单位应当将参加工伤保险的有关情况在本单位内公示。用人单位和职工应当遵守有关安全生产和职业病防治的法律法规，执行安全卫生规程和标准，预防工伤事故发生，避免和减少职业病危害。职工发生工伤时，用人单位应当采取措施使工伤职工得到及时救治。

3. 部门规章

（1）《危险性较大的分部分项工程安全管理办法》

2009年5月13日，住房和城乡建设部印发《危险性较大的分部分项工程安全管理办法》（建质［2009］87号）。制定该办法的目的是加强对危险性较大的分部分项工程安全管理，明确安全专项施工方案编制内容，规范专家论证程序，确保安全专项施工方案实施，积极防范和遏制建筑施工生产安全事故的发生。

《危险性较大的分部分项工程安全管理办法》适用于房屋建筑和市政基础设施工程的新建、改建、扩建、装修和拆除等建筑安全生产活动及安全管理。主要内容包括施工单位、监理单位的安全职责，专项方案的内容，专项方案的审核与论证，专项方案的实施，危险性较大的分部分项工程范围，超过一定规模的危险性较大的分部分项工程范围。

（2）《建设项目安全设施“三同时”监督管理暂行办法》

2010年12月14日，国家安全生产监督管理总局制定公布《建设项目安全设施“三同时”监督管理暂行办法》（总局令第36号），自2011年2月1日起施行。制定《建设项目安全设施“三同时”监督管理暂行办法》的目的是加强建设项目安全管理，预防和减少生产安全事故，保障从业人员生命和财产安全。

该办法共六章三十八条，适用于经县级以上人民政府及其有关主管部门依法审批、核准或者备案的生产经营单位新建、改建、扩建工程项目（统称建设项目）安全设施的建设及其监督管理。法律、行政法规及国务院对建设项目安全设施建设及其监督管理另有规定的，依照其规定。

《建设项目安全设施“三同时”监督管理暂行办法》的主要内容包括建设项目安全设施“三同时”监管的职权划分，建设项目安全条件论证与安全预评价，建设项目安全设施设计审查，建设项目安全设施施工和竣工验收，法律责任。

(3)《建设工程消防监督管理规定》

2009 年 4 月 30 日，公安部公布《建设工程消防监督管理规定》(公安部令第 106 号)，自 2009 年 5 月 1 日起施行。制定《建设工程消防监督管理规定》的目的是加强建设工程消防监督管理，落实建设工程消防设计、施工质量和安全责任，规范消防监督管理行为。

该规定共七章五十一条，适用于新建、扩建、改建（含室内装修、用途变更）等建设工程的消防监督管理，不适用住宅室内装修、村民自建住宅、救灾和其他临时性建筑的建设活动。

《建设工程消防监督管理规定》的主要内容包括一般要求，消防设计、施工的质量责任，消防设计审核和消防验收，消防设计和竣工验收的备案抽查，执法监督，法律责任。

(4)《建筑起重机械安全监督管理规定》

2008 年 1 月 28 日，建设部发布《建筑起重机械安全监督管理规定》(建设部令第 166 号)，自 2008 年 6 月 1 日起施行。制定该规定的目的是为了加强建筑起重机械的安全监督管理，防止和减少生产安全事故，保障人民群众生命和财产安全。

《建筑起重机械安全监督管理规定》共三十五条，适用于建筑起重机械的租赁、安装、拆卸、使用及其监督管理。该规定所称建筑起重机械，是指纳入特种设备目录，在房屋建筑工地和市政工程工地安装、拆卸、使用的起重机械。该规定的主要内容包括管辖，设备购置、租赁的要求，设备安装的要求，设备使用的要求，施工单位和监理单位的安全职责，安全监管职责，法律责任。

(5)《劳动防护用品监督管理规定》

2005 年 7 月 22 日，国家安全生产监督管理总局公布《劳动防护用品监督管理规定》，自 2005 年 9 月 1 日起施行，制定该规定的目的是加强和规范劳动防护用品的监督管理，保障从业人员的安全与健康。

劳动防护用品，是指由生产经营单位为从业人员配备的，使其在劳动过程中免遭或者减轻事故伤害及职业危害的个人防护装备。

（6）《特种作业人员安全技术培训考核管理规定》

《特种作业人员安全技术培训考核管理规定》由国家安全生产监督管理总局局长办公会议审议通过，自2010年7月1日起施行。制定《特种作业人员安全技术培训考核管理规定》是为了规范特种作业人员的安全技术培训考核工作，提高特种作业人员的安全技术水平，防止和减少伤亡事故，促进安全生产。

生产经营单位特种作业人员的安全技术培训、考核、发证、复审及其监督管理工作，适用本规定。本规定所称特种作业，是指容易发生事故，对操作者本人、他人的安全健康及设备、设施的安全可能造成重大危害的作业。

（7）《安全生产事故隐患排查治理暂行规定》

《安全生产事故隐患排查治理暂行规定》由国家安全生产监督管理总局第16号令公布，自2008年2月1日起施行。其目的是建立安全生产事故隐患排查治理长效机制，强化安全生产主体责任，加强事故隐患监督管理，防止和减少事故，保障人民群众生命财产安全。

生产经营单位安全生产事故隐患排查治理和安全生产监督管理部门、煤矿安全监察机构实施监管监察，适用本规定。

本规定所称安全生产事故隐患，是指生产经营单位违反安全生产法律、法规、规章、标准、规程和安全生产管理制度的规定，或者因其他因素在生产经营活动中存在可能导致事故发生的物的危险状态、人的不安全行为和管理上的缺陷。

（8）《生产经营单位安全培训规定》

《生产经营单位安全培训规定》由国家安全生产监督管理总局局长办公会议审议通过，自2006年3月1日起施行，2013年8月19日国家安全生产监督管理总局对其进行了修订。其立法目的是加强和规范生产经营单位安全培训工作，提高从业人员安全素质，防范伤亡事故，减轻职业危害。

（9）《职业病危害项目申报办法》

2012年4月27日，国家安全生产监督管理总局公布《职业病危害项目申报办法》，自 2012 年 6 月 1 日起施行。该办法的制定目的是规范职业病危害项目的申报工作，加强对用人单位职业卫生工作的监督管理。

职业病危害项目是指存在职业病危害因素的项目，职业病危害因素按照《职业病危害因素分类目录》确定。用人单位（煤矿除外）工作场所存在职业病目录所列职业病的危害因素的，应当及时、如实向所在地安全生产监督管理部门申报危害项目，并接受安全生产监督管理部门的监督管理。

(10)《生产安全事故应急预案管理办法》

2009 年 4 月 1 日，国家安全生产监督管理总局第 17 号令公布《生产安全事故应急预案管理办法》，自 2009 年 5 月 1 日起施行。该办法是为了规范生产安全事故应急预案的管理，完善应急预案体系，增强应急预案的科学性、针对性、实效性，是依据《中华人民共和国突发事件应对法》《中华人民共和国安全生产法》和国务院有关规定制定的。

生产安全事故应急预案的编制、评审、发布、备案、培训、演练和修订等工作，适用该办法。该办法共七章三十九条。

(11)《工作场所职业卫生监督管理规定》

2012 年 4 月 27 日，国家安全生产监督管理总局公布《工作场所职业卫生监督管理规定》(总局第 47 号令)，自 2012 年 6 月 1 日起施行。该规定是为了加强职业卫生监督管理工作，强化用人单位职业病防治的主体责任，预防、控制职业病危害，保障劳动者健康和相关权益，根据《中华人民共和国职业病防治法》等法律、行政法规制定的。

用人单位的职业病防治和安全生产监督管理部门对其实施监督管理，适用该规定。该规定分总则、用人单位的职责、监督管理、法律责任、附则，共五章六十一条。

(12)《用人单位职业健康监护监督管理办法》

2012 年 4 月 27 日，国家安全生产监督管理总局公布《用人单位职业健康监护监督管理办法》(总局第 49 号令)，自 2012 年 6 月

1日起施行。该办法是为了规范用人单位职业健康监护工作，加强职业健康监护的监督管理，保护劳动者健康及其相关权益，根据《中华人民共和国职业病防治法》制定的。

该办法所称职业健康监护，是指劳动者上岗前、在岗期间、离岗时、应急的职业健康检查和职业健康监护档案管理。用人单位从事接触职业病危害作业的劳动者（简称劳动者）的职业健康监护和安全生产监督管理部门对其实施监督管理，适用该办法。该办法分总则、用人单位的职责、监督管理、法律责任、附则，共五章三十二条。

(13)《建设项目职业卫生“三同时”监督管理暂行办法》

2012年3月6日，国家安全生产监督管理总局公布《建设项目职业卫生“三同时”监督管理暂行办法》（总局第51号令），自2012年6月1日起施行。该办法是为了预防、控制和消除建设项目可能产生的职业病危害，加强和规范建设项目职业病防护设施建设的监督管理，根据《中华人民共和国职业病防治法》制定的。

该办法所称的可能产生职业病危害的建设项目，是指存在或者产生《职业病危害因素分类目录》所列职业病危害因素的建设项目。该办法所称的职业病防护设施，是指消除或者降低工作场所的职业病危害因素的浓度或者强度，预防和减少职业病危害因素对劳动者健康的损害或者影响，保护劳动者健康的设备、设施、装置、构（建）筑物等的总称。

在中华人民共和国领域内可能产生职业病危害的新建、改建、扩建和技术改造、技术引进建设项目（统称建设项目）职业病防护设施建设及其监督管理，适用该办法。

4. 有关标准

(1)《建筑施工模板安全技术规范》

为了在工程建设模板工程施工中贯彻我国安全生产的方针和政策，做到技术先进、经济合理、方便适用和确保安全生产，制定《建筑施工模板安全技术规范》(JGJ 162—2008)，自2008年12月1日起实施。

该规范适用于建筑施工中现浇混凝土工程模板体系的设计、制作、安装和拆除，主要内容包括材料选用、荷载及变形值的规定、设计、模板安装构造、模板拆除、安全管理。

(2)《建筑施工扣件式钢管脚手架安全技术规范》

为了在扣件式钢管脚手架设计与施工中贯彻执行国家的技术经济政策，做到技术先进、经济合理、安全适用、确保质量，制定《建筑施工扣件式钢管脚手架安全技术规范》(JGJ 130—2011)，自2011年12月1日起实施。

该规范适用于工业与民用建筑施工用落地式（底撑式）单、双排扣件式钢管脚手架的设计与施工，以及水平混凝土结构工程施工中模板支架的设计与施工，主要内容包括构配件、荷载、设计计算、构造要求、施工、检查与验收、安全管理。

(3)《建筑施工门式钢管脚手架安全技术规范》

为了在门式钢管脚手架的设计与施工中，贯彻执行国家有关安全生产的法规，做到技术先行、经济合理、安全适用，制定《建筑施工门式钢管脚手架安全技术规范》(JGJ 128—2010)，自2010年12月1日起实施。

该规范适用于工业与民用建筑施工中采用的落地（底撑）门式钢管脚手架的设计、施工和使用。其他用途（烟囱、水塔等一般构筑物）的门式钢管脚手架可按照该规范的原则进行。该规范主要内容包括构配件材质性能、荷载、设计计算、构造要求、搭设与拆除、安全管理与维护、模板支撑与满堂脚手架。

(4)《建筑施工安全检查标准》

为了科学地评价建筑施工安全生产情况，提高安全生产工作和文明施工的管理水平，预防伤亡事故的发生，确保职工的安全和健康，实现检查评价工作的标准化、规范化，制定《建筑施工安全检查标准》(JGJ 59—2011)，自2012年7月1日起实施。

该标准适用于建筑施工企业及其主管部门对建筑施工安全工作的检查和评价，主要内容包括总则，检查、分类及评分方法，检查评分表。

(5)《施工现场临时用电安全技术规范》

为了贯彻国家安全生产的法律和法规，保障施工现场用电安全，防止触电和电气火灾事故发生，促进建设事业发展，制定《施工现场临时用电安全技术规范》(JGJ 46—2005)，自2005年7月1日起实施。

该规范适用于新建、改建和扩建的工业与民用建筑和市政基础设施施工现场临时用电工程中的电源中性点直接接地的220/380 V三相四线制低压电力系统的设计、安装、使用、维修和拆除，主要内容包括临时用电管理，外电线路及电气设备防护，接地与防雷，配电室及自备电源，配电线路、配电箱及开关箱，电动建筑机械和手持式电动工具，照明。

(6)《建筑基坑支护技术规程》

为了在建筑基坑支护设计、施工中做到安全适用、保护环境、技术先进、经济合理、确保质量，制定《建筑基坑支护技术规程》(JGJ 120—2012)，自2012年10月1日起实施。

该规程适用于一般地质条件下临时性建筑基坑支护的勘察、设计、施工、检测、基坑开挖与监测。对湿陷性土、多年冻土、膨胀土、盐渍土等特殊土或岩石基坑，应结合当地工程经验应用该规程，并应符合相关技术标准的规定。

(7)《危险化学品重大危险源辨识》

《危险化学品重大危险源辨识》(GB 18218—2009)，自2009年12月1日实施。

该标准规定了辨识危险化学品重大危险源的依据和方法，适用于危险化学品生产、使用、储存和经营等的各企业或组织。该标准不适用于：核设施和加工放射性物质的工厂，但这些设施和工厂中处理非放射性物质的部门除外；军事设施；采矿业，但涉及危险化学品的加工工艺及储存活动除外；危险化学品的运输；海上石油天然气开采活动。

(8)《生产过程危险和有害因素分类与代码》

《生产过程危险和有害因素分类与代码》(GB/T 13861—

2009)，自 2009 年 12 月 1 日实施。

该标准规定了生产过程中各种主要危险和有害因素的分类和代码，适用于各行业在规划、设计和组织生产时，对危险和有害因素的预测、预防，对伤亡事故原因的辨识和分析，也适用于职业安全卫生信息的处理与交换。

四、安全生产事故案例分析

1. 强令工人乘吊篮，人仰篮翻钢绳断

徐某为某建材厂聘用的建筑安装队队长，在承包某市解放西街十号楼建筑工程施工中，不设斜道，命令工人爬架杆乘提升吊篮进行作业。事故前几天，徐某就发现提升吊篮的钢丝绳有点毛，但他不及时采取措施，而是继续安排工人盲目蛮干。发生事故的当天，工人向副队长时某反映钢丝绳“毛得厉害”，时某检查发现有一尺多长的毛头，便指派钟某更换钢丝绳。而钟某为了追求进度，轻信钢丝绳不可能马上断，决定先把 7 名工人送上楼干活，再换钢丝绳。当吊篮接近四层时，钢丝绳突然断裂，造成 1 人死亡、5 人重伤、1 人轻伤的严重后果。

造成这起事故的直接原因是徐某作为安装队队长，严重违反规定，不架设斜道，强令工人爬架杆乘吊篮进行作业，当发现钢丝绳有点毛的问题后，疏忽大意，不积极采取措施排除事故隐患，以致酿成事故。而钟某违反操作规程，严重忽视安全，不落实副队长让其更换钢丝绳的正确决定，为了追求进度，轻信钢丝绳不可能马上断，擅自决定送工人上楼干活。这种对事故的结果已经预见而轻信能够避免的过于自信的过失心理状态，直接导致了悲剧的发生。

2. 配合不当导致楼房拆除工程局部坍塌

临沂市某道路拓宽拆迁工作中，拟拆除一幢宿舍楼。该工程由临沂市某区拆迁办公室与该区桃园村农民郭、李二人订立了房屋拆除合同。之后，郭、李二人又将此拆除工程非法转包给了郯城县周庄村的农民周某，周即雇用本县农民工进行拆除。由于不懂建筑结

构和相关施工技术，也无拆除资质，且拆除工程施工现场管理混乱，无统一指挥，不按程序施工。当电焊工正在切断建筑物钢筋时，另一部分工人已在将宿舍楼用钢丝绳及手拉葫芦加力拉紧，由于切断钢筋与拉紧钢丝绳作业配合不当，在切断钢筋的同时，继续拉紧的钢丝绳导致墙体失稳倒塌，造成4人死亡、2人重伤。

造成此次事故的原因主要有两方面。技术方面，拆除工程无施工方案，现场无统一指挥，致使工人对操作程序不清、配合不当，在人员尚未疏散时便开始拉紧钢丝绳，且电焊切割人员仍在切割钢筋，当钢筋切断时，楼房倒塌，是造成本次事故的直接原因。管理方面，由于拆除工程的承包人属无资质承包，建设行政主管部门未按规定审查资质，因此带来一系列隐患，承包后，又无相应管理办法，以包代管严重失控。

第四章
建筑施工企业安全行为文化建设

安全行为文化是规范人的安全思想和安全行为的理念总和。加强安全行为文化建设就抓住了安全生产中的主要矛盾，抓住了安全生产的基础和根本，是实现安全生产形势根本好转的精神动力和智力支持，对建筑施工企业有非常重要的现实意义。

第一节　建筑施工企业安全行为规范

一、安全行为的特点

人的安全行为是复杂的和动态的。安全行为具有多样性、计划性、目的性和可塑性，并受安全意识水平的调节。安全行为不仅受思维、情感的支配，同时也受道德观、人生观和世界观的影响。态度、意识、知识、认知决定人的安全行为意志等心理活动水平，因而人的安全行为表现出差异性。

二、安全行为文化建设的作用

（1）建筑施工企业的安全生产问题是企业发展的头等大事。近几年由于生产中的重大伤亡事故造成了社会灾难，使人们更加关注安全生产和安全生活。而安全行为文化建设以提高干部职工的安全素质为主要任务，是预防事故的一种“软对策”。

（2）安全行为文化建设能创造一种良好的安全人文氛围，对人的正确的观念、意识、态度、行为等的形成有积极的促进作用，从而达到减少人为事故的目的。

（3）安全行为文化建设除关注人的知识、技能、意识、思想、观念、道德、伦理、情感等内在素质外，还重视人的行为、设施设备、工艺工具、装置环境等外在因素和物态条件。

三、安全文化对安全行为的影响

具有不同安全文化素质的人对待安全的态度会有所不同，为了使员工的行为得以规范，需要依靠安全文化的熏陶，靠科学的、系统的教育，理性的思维和正确的方法。通过多层次、全方位的教化，即安全物质文化、安全制度文化、安全精神文化和安全行为文化的教育，在潜移默化中逐渐改变人的行为。

1. 安全物质文化对安全行为的影响

安全物质文化是企业安全生产的物态或硬件部分。安全生产的物态文化对人的安全行为的影响，首先表现在科学技术的应用方面。科学技术包括生产工艺的科学技术及安全的科学技术，具体涉及生产的工具、设备、设施、材料、燃料、仪器、物化环境，以及安全工程设施、设备、装置、检测手段、预防及应急手段、安全信息手段等物质条件。先进的技术装备、井然的物质秩序是营造良好的安全作业环境，避免事故发生的前提条件。安全生产的物质条件不佳，将会不可避免地导致人的不安全行为的发生。

2. 安全制度文化对安全行为的影响

制度文化是企业安全生产的运作保障机制，是环境文化。制度文化对人的安全行为的影响表现为对于企业安全责任的落实、国家法规的认识和理解、自身安全制度和标准体系的建设等方面，包括各种岗位责任制度、安全检查制度、危险源管理制度、事故调查处理制度等。这些制度和标准起着规范职工安全行为的作用。制度完善、执行严格的文化氛围中，统一的、符合安全生产要求的行为必然是主流，人的不安全行为将较少发生。

3. **安全精神文化对安全行为的影响**

安全文化中的思想、观念等精神元素对员工不安全行为的影响是根本性的。在安全管理系统——人、机、环境诸要素中，人是安全的主体，对安全生产状况的好坏有着决定性的作用。个体的安全思想、意识等直接影响着个体的安全行为，安全思想不端正、安全意识淡漠的人必然行为自由涣散，在生产中的不安全行为情况也必然会频繁发生。

4. **安全行为文化对安全行为的影响**

安全行为文化是企业安全文化的动态部分。安全行为文化对人的安全行为的影响主要表现在两个方面：

（1）安全行为文化对领导安全行为的影响，具体表现为领导对安全工作的关心及态度，对现场管理的方式及能力，对安全投入的态度，对安全组织机构建立和专职人员聘用的态度，安全责任制建立及落实的表现，事故发生时的行动、指挥能力及表现等。

（2）安全行为文化对职工安全行为的影响，具体表现为遵章守纪、操作技能、行为失误、工作态度等行为及表现等。

安全文化规范人的行为示意图如图 4—1 所示。

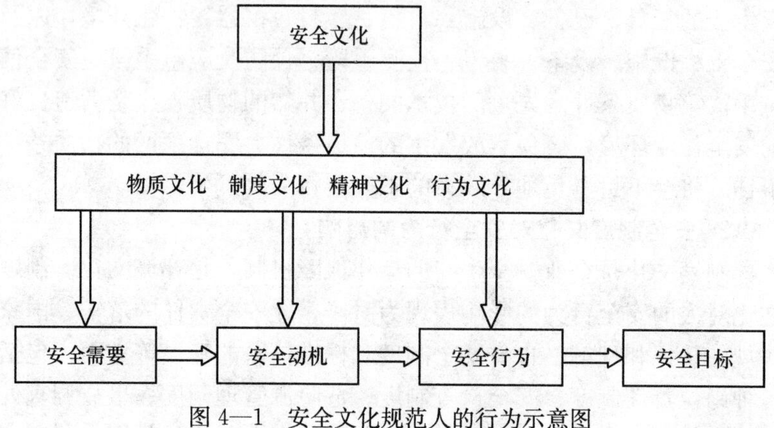

图 4—1　安全文化规范人的行为示意图

从以上分析可以看出，安全文化对于不安全行为的管理具有影响力、激励力、约束力、导向力。影响力是通过精神文化的建设，影响决策者、管理者和员工对安全的正确态度和意识，强化企业中每一个人的安全意识。激励力是通过精神文化和行为文化的建设，激励每一个人安全行为的自觉性，具体对于企业决策者就是要对安全生产投人的重视、管埋态度的积极；对员工则是安全生产操作、自觉遵章守纪。约束力是通过制度文化的建设，提高企业决策者的安全管理能力和水平，规范其管理行为，约束员工的安全生产施工行为，消除违章。导向力是安全文化对企业每一个人的安全意识、观念、态度、行为的引导。

安全文化就像一只看不见的手，它潜移默化地影响着员工的生产行为。良性的、健康的安全文化会把凡是脱离安全生产人因失误等行为拉回到安全生产的轨道上来。相反地，不良的安全文化则将人的行为导向不安全，引发人的不安全行为。因此，建立良好的企业安全文化是减少不安全行为发生的一种重要手段。

四、规范安全行为的方式

1. 自我控制

自我控制是个人对自身心理与行为的主动掌握。它是人所特有的，以自我意识的发展为基础，以自身为对象的人的高级心理活动。它是指在认识到人的异常意识具有产生异常行为，导致人为事故的规律之后，为了保证自身在生产实践中的自行改变异常行为，控制事故的发生。自我控制是行为控制的基础，是预防、控制人为事故的关键。加强自我控制应从以下几个方面人手：

（1）劳动者在从事生产实践活动之前或生产之中，当发现自己有产生异常行为的因素存在时，能及时认识和加以改变，或终止异常的生产活动，并均能控制由于异常行为而导致的事故。

（2）发现生产环境异常、工具设备异常时，或领会到违章指挥有产生异常行为的外因时，能及时采取措施，改变物的异常状态，阻止违章指挥，也能有效控制由于异常行为而导致的事故发生。

（3）当劳动者在作业过程中出现不满、愤怒的情绪时，要用意识控制自己，提醒自己应当保持理性，注意作业场所的危险性，能有效控制由于不满情绪带来的消极效应。

（4）劳动者在从事危险作业时，可以通过语言调节来提醒自己注意作业的步骤，避免危险的出现，语言是影响情绪、进行自我调控的强有力工具。例如，电工在进行维修作业时，可以大声把作业步骤说出，从而提醒自己注意用电作业的危险性。

2. 跟踪控制

跟踪控制，是指运用事故预测法，对已知具有产生异常行为因素的人员，做好转化和行为控制工作。

对已知违反安全作业的人员，指定专人负责做好转化工作和进行行为控制，防止其异常行为的产生和导致事故发生。可通过心理教育等方式对违反安全作业的人员进行教导，指出其不安全行为造成的后果，使其不良行为得到及时纠正。

3. 安全监护

安全监护，是指对从事危险性较大活动的人员，指定专人对其产生行为进行安全提醒和安全监督。

监护人应具备下列条件：监护人的安全技术等级应高于操作人，具有丰富的实际工作经验并熟悉现场及设备情况。监护人一般由工作负责人担任，同一工作区不同地点的监护人可由工作负责人指派。监护人员进行的主要工作有：

（1）部分停电时，监护所有工作人员的活动范围，使其与带电设备保持规定的安全距离。

（2）带电作业时，监护所有工作人员的活动范围，使其与接地部分保持规定的安全距离。

（3）监护所有工作人员的工具使用是否正确，工作位置是否安全，以及操作方法是否正确等。

（4）工作中监护人因故离开工作现场时，必须另指派了解有关安全措施的人员接替监护并告知工作人员，使监护工作不致间断。

（5）监护人发现工作人员中有不正确的动作或违反规程的做法时，应及时提出纠正，必要时可令其停止工作，并立即向上级报告。

（6）所有工作人员（包括工作负责人）不准单独留在室内或室外高压设备区内，以免发生意外触电或电弧灼伤。

（7）监护人应自始至终不间断地进行监护，在执行监护时，除非有特殊情况，否则不应兼做其他工作。

五、建筑施工企业安全生产行为规范

1. 施工人员的一般行为规范

（1）进入施工现场前必须经过安全教育

在入场前每个工人都必须经过安全教育，应了解施工现场的危险部位，本工种本岗位的安全操作规程和相关的安全知识。每天上班前各班组长还要针对当天的工作内容作班前安全交底和安全教育。这样能够让每一个人对当天的工作内容、工作环境以及可能出现的安全隐患都有充分地了解，遇到紧急情况的时候，知道该如何应对。如果糊里糊涂地下工地，对自己和他人都是很危险的。

（2）严禁酒后上班

酒能刺激麻醉人的神经，使人反应迟钝，酒后进场工作容易出现动作失稳，操作失误，导致事故的发生，所以要求施工人员在上班前和工作时不能喝酒。

（3）严禁穿拖鞋、穿短裤、光脚或赤背进入施工现场

进场工作不能图凉快、方便，穿着拖鞋、短裤或者干脆光脚赤背工作。工地上有很多钢筋、铁丝、钉子、焊渣、碎砖、混凝土块，一不小心就会被扎伤、烫伤、划伤。所以要穿好工作服，穿好防扎、防滑的鞋，电工、焊工还要穿绝缘鞋进场工作。

（4）必须佩戴安全帽

进入施工现场必须正确佩戴安全帽，佩戴之前还要牢记检查安全帽是不是有损坏，坏了的要及时更换，绝不能因为天气热或者怕麻烦就不戴或把安全帽摘下来，在这方面已经有了很多血的教训。而且施工人员要爱护自己的安全帽，休息时不要把安全帽当板凳

来坐。

（5）现场施工时必须走安全通道

在现场施工的时候，都要走安全通道。比如，施工现场经常有人员走过，而施工过程有可能将对人员构成危险的地方都支搭防护棚来确保人们的安全。所以不要图省事，行走的时候不要盲目走近道，更不要掀网、钻网、跨越栏杆，攀爬脚手架、龙门架，跨越坑、洞、沟槽，不要为了一时的方便给自己和家人带来永远的痛苦。

（6）不随意进入危险场所或触摸非本人操作的设备

进场后每一个人都要坚守自己的岗位，不串岗，不随便进入自己不熟悉的场所，更不能乱摸乱动非本人操作的设备（如电闸、阀门、开关等）。有特殊情况要向领导请示，千万不要逞能，觉得自己啥都行，否则可能后悔都来不及。

（7）严禁随意拆除防护设施及安全标志

没经过工地负责人的批准，严禁任何人随意拆除或者损坏一切安全防护设施，比如护栏、拉杆、栏杆、安全网、缆风绳、跳板、脚手架、支撑等。工地上有些危险地段、区域、道路、建筑设备等都有“禁止、警告、指令、指示”等安全标志牌，这些标志牌也是不能随便拆除、移动或者损坏的。

（8）工地上严禁明火及吸烟

工地用火是受严格控制的，明火作业前必须办理动火证，没有得到现场负责人的批准，谁都不能使用明火；就是得到了批准，也必须有专人看火监护并采取相应的防火措施，以免发生火灾事故。

（9）施工现场行走、上下“五不准”

一不准从正在起吊运吊中的物件下通过。拆除作业时不准在拆除作业区乱穿，工地经常会有吊装作业，在吊装时任何人都不允许从正在起吊运吊中的物体下通过，以防物件突然脱钩，砸死砸伤下方的人员。同样的道理，在拆除作业的时候乱穿拆除区域也是非常危险的。

二不准在作业层追跑打闹。施工作业层上环境比较复杂，一不留神被绊倒，或者摔下去，后果都会非常严重。从高处往下走、往下推车的时候要特别注意，不要奔跑，因为在奔跑中易被绊倒摔伤。

三不准在没有防护的外墙和外壁板等建筑物上行走。有的人胆子大，为抄近路或者图省事，走没有防护的外墙或外壁板、悬空梁上，结果掉下来的不在少数。在高处走本身就不稳，风一吹就更站不住了，有时脚下还有绊脚的东西，所以一定不要逞强逞能，要坚持安全第一。

四不准站在小推车等不稳定的物体上进行作业。

五不准攀登起重臂、绳索、脚手架、井字架和龙门架。

2. 高处作业的安全须知

（1）高处作业人员及工作环境的基本要求

未成年人或者患有心脏病、高血压、低血压、贫血、癫痫病及其他不适合高空作业的人，不得从事高处作业。从事高处作业的人员在作业时，不要穿不灵便的衣服，并且要穿防滑鞋，目的是在作业时不被剐倒，脚下不打滑，防止高处坠落事故。当遇到六级以上的强风、大雨、大雾、大雪等恶劣天气时，禁止露天高处作业。

（2）高处作业对物料处理及工具使用的要求

高处作业时，交叉作业比较多，随意抛掷的工具和丢弃的废料很容易造成物体打击事故，导致伤害他人。因此，高处作业的工具要放入工具袋，拆卸下来的物件、废料要及时清理运走，不得随处堆置丢弃。传递物件时禁止抛掷，尤其在安装或更换玻璃的时候，要采取防止玻璃坠落的措施，严禁向下面乱扔碎玻璃。即使是工具、物料、灰渣、碎玻璃等物品，虽说体积小，质量轻，但一旦从高处掉下来，还是能造成很大的人身伤害的。

（3）高处作业防护用品的使用要求

高处作业（临边作业、洞口作业、攀登作业、悬空作业）人员，在无可靠安全防护设施时，必须系好安全带。如果不具备挂安全带的条件，应设置拴安全带的安全挂绳或安全挂杆，如在搭设、拆除脚手架作业时，在搭设、拆除某些部位的安全防护设施（如张挂安全平网）时，在安拆垂直运输设施时，在某些构件吊装就位作业时，在人不能站稳的陡坡、屋面作业时，在吊篮内作业时，在阳台、窗口等临边抹灰、安装窗户、打胶等作业时，在阳台栏板、飘窗板、空调板支拆模、绑钢筋、浇混凝土时，均应佩戴好安全带再进行作业，绝对不能因为怕麻烦而不系安全带，发生高空坠落事故。

3. 搬运、堆放物品的安全须知

在做搬运工作前，首先要穿戴好规定的劳动保护用品，然后检查搬运工具是否完整和安全可靠。搬运时使用的工具、构件一定要放平、放稳，防止滑动或滚动，绝对不允许竖立，以防倒下发生伤人或砸坏设备等事故。如果是多人一起操作，须由一个人统一指挥，步调一致，紧密配合。在堆积物品时，要稳固、整齐，堆放高度不能超过规定的高度，以防倒塌。在车辆通行的道路上，不得放置物件或堆积杂物，以保持道路畅通。对危险物品要按规定装卸，以免造成事故。

4. 建筑施工用电梯、提升机使用安全须知

施工电梯、提升机必须有专人操作。等候施工电梯或提升机时，严禁将身体的任何部位伸进电梯笼或提升机吊篮上下运行占用的空间，不得随同提升机吊篮上下，提升机吊篮严禁乘人。在楼层等候电梯提升机吊篮时，不得将楼层平台防护门打开，只有等电梯轿厢、提升机吊篮停稳时，才可打开相应楼层的防护门，人员通过后应及时将防护门关好。在上提升机吊篮前，一定要先打好保险再上吊篮。在电梯、提升机运行时，严禁人员进入或通过电梯、提升机底坑。

六、案例分析

1. 不系安全带导致坠落伤亡

哈尔滨市某大厦外装饰工程为玻璃幕墙和挂石材幕墙，幕墙高度 148 m，由某集团分包给某铝门窗公司承包，铝窗公司承包后又雇用某县建筑队（个体）进行施工。施工期间，4 名作业人员搬运 4 块花岗岩石板（每块重 60 kg）进入到吊篮内，准备从 16 层向下运送到 8 层与 9 层之间的作业位置，当吊篮下降到 11 层与 12 层之间时，吊篮右侧钢丝绳突然断开，吊篮随即倾斜，而 4 人进入吊篮时又没有及时将安全带扣挂牢，于是 4 人及物料全部坠落，其中 1 人坠落在 5 层的脚手架上（致重伤），另外 3 人，1 人坠落在 5 层平台上，2 人坠落到地面，事故共造成 3 人死亡、1 人重伤。

技术方面的原因有吊篮的导向轮设计不合理、安全锁失灵、吊篮内作业人员未按规定扣牢安全带，进入吊篮内作业人员必须将安全带扣牢在安全绳上，当发生意外事故时，安全绳不会断开，从而可以保障作业人员的安全。而该吊篮内作业人员虽然都佩戴了安全带，但却未按规定扣牢在安全绳上，因此，当工作绳受力断开吊篮倾斜时，作业人员坠落造成伤亡事故。管理方面的原因有厂家生产销售此类涉及人身安全的产品未经鉴定，在售后使用中未进行不断检查分析以发现不足进行改进；施工单位放弃了对吊篮的检查管理责任，完全听厂家指挥；铝门窗公司雇用个体建筑队工人进行高处作业，未进行培训教育，未建立检查管理制度；哈尔滨市某集团将装饰工程分别包给 8 个装饰公司的做法，违反了《建筑法》禁止将建筑工程肢解发包的规定。

2. 操作失误导致井架吊笼坠落

某工程烟囱 106.38 m 标高作业面上的钢筋、模板施工已完成，工长安排 5 名工人先乘坐井字架吊笼到达地面，开始浇注混凝土的准备工作，在地面的质检员指令卷扬机司机先将其送达作业面，再去请监理人员，如通过验收，即可浇注混凝土。获指令后，卷扬机司机先将乘坐在吊笼内的质检员送上烟囱，将吊笼停留在作业面上，并按其操作习惯将制动器的操作手柄拉到第六齿挡位，即前往项目部去请监理人员。因天开始下雨，烟囱上的工长决定下班，当时有 4 名工人爬进吊笼下层，翻下隔板后 5 名工人站在吊笼上层。此时吊笼与 9 名人员的总重量产生的钢丝绳拉力超过了卷扬机制动器在该挡位下的临界钢丝绳制动力，导致吊笼失控发生坠落，5人当场死亡，4人送医院急救，其中2人经抢救无效死亡，2人受重伤，直接经济损失130万元左右。

事故发生时卷扬机司机对手动制动器的操作挡位不正确，导致制动器的制动力矩不足。当100 m作业面上的施工人员逐个进入吊笼，使钢丝绳的荷载逐渐增加到740 kg时，卷筒承受的力矩超过制动器在该挡位的极限制动力矩，吊笼开始沿导轨架下滑并越滑越快，直至坠落地面，造成7死2伤的重大伤亡事故。卷扬机司机误操作手动制动器是本事故发生的直接原因。其他方面的原因还有：违反了操作人员上下烟囱乘坐吊笼时，必须站在吊笼内，吊笼顶部严禁站人的规定，构成安全隐患。矿用卷扬机不能用于建筑工程，发生事故时卷扬机手动制动器手柄挡位偏松，使制动器的制动力矩不足，井字架未配备防坠落安全锁。施工用户在施工前未针对本井字架卷扬机的特点制定严格的安全操作规程，也未对卷扬机司机进行严格的监督管理。

第二节　建筑施工企业安全活动

一、安全活动的含义

安全活动是为保障人类安全生产而进行的活动。安全活动是安全文化传播的重要途径，它寓教于乐，通过各种轻松的方式将决策层的安全理念传递下来，在活动中巩固并检验员工安全意识、安全知识、安全技能的水平和层次，在活动中还能培养员工的团队协作观念和竞争意识。安全活动是企业总结分析安全生产情况、学习安全生产规章制度、反思安全生产中的不良倾向、查找安全生产薄弱环节、研究并落实安全保证措施的园地。规范企业安全活动内容、丰富安全活动形式、保证安全活动质量，对巩固生产人员的安全生产技能、增强生产安全的思想意识、提高班组乃至企业的安全生产基础管理水平，具有深刻的现实意义。

二、安全活动的种类

安全活动主要包括安全检查活动、事故防范活动、安全技能演习、安全宣传活动、安全文艺活动和零事故活动。

1. 安全检查活动

安全生产检查的内容包括软件系统和硬件系统。软件系统检查主要是查思想、查意识、查制度、查管理、查事故处理、查隐患、查整改。硬件系统检查主要是查生产设备、查辅助设施、查安全设施、查作业环境。

安全生产检查具体内容应本着突出重点的原则进行确定。对于危险性大、易发事故、事故危害大的生产系统、部位、装置、设备等应加强检查。一般应重点检查易造成重大损失的易燃易爆危险物品、剧毒品、锅炉、压力容器、起重设备、运输设备、电气设备、冲压机械、高处作业和本企业易发生工伤、火灾、爆炸等事故的设备、工种、场所及其作业人员，易造成职业中毒或职业病的尘毒产生点及其岗位作业人员，直接管理的重要危险点和有害点的部门及其负责人。

对非矿山企业，目前国家有关规定要求强制性检查的项目有锅炉、压力容器、压力管道、起重机、电梯、自动扶梯、施工升降机、简易升降机、防爆电器、厂内机动车辆等，作业场所的粉尘、噪声、振动、辐射、高温低温和有毒物质的浓度等。

建筑企业安全检查重点内容包括以下部分。

（1）施工准备阶段的重点检查内容

1）如施工区域内有地下电缆、水管或防空洞等，要指令专人进行妥善处理。

2）现场内或施工区域附近有高压架空线时，要在施工组织设计中采取相应的技术措施，确保施工安全。

3）施工现场的周围如临近居民住宅或交通要道，要充分考虑施工扰民、妨碍交通、发生安全事故的各种可能因素，以确保人员安全。对有可能发生的危险隐患，要有相应的防护措施，如搭设过街、民房防护棚，以及施工中作业层的全封闭措施等。

4）在现场内设金属加工、混凝土搅拌站时，要尽量远离居民区及交通要道，防止施工中噪声干扰居民正常生活。

（2）基础施工阶段的重点检查内容

1）土方施工前，检查是否有针对性的安全技术交底并督促执行。

2）在雨期或地下水位较高的区域施工时，检查是否有排水、挡水和降水措施。

3）根据组织设计放坡比例是否合理，有没有支护措施或打护坡桩。

4）深基础施工，检查作业人员工作环境和通风是否良好。

5）检查工作位置距基础 2 m 以下是否有基础周边防护措施。

（3）结构施工阶段的重点检查内容

1）做好对外脚手架的安全检查与验收，预防高处坠落和防物体打击。

2）做好对“三宝”等安全防护用品（安全帽、安全带、安全网、绝缘手套、防护鞋等）的使用检查与验收。

3）做好对孔、洞口（楼梯口、预留洞口、电梯井口、管道井口、首层出入口等）的安全检查与验收。

4）做好对临边（阳台边、屋面周边、结构楼层周边、雨篷与挑檐边、水箱与水塔周边、斜道两侧边、卸料平台外侧边、梯段边）的安全检查与验收。

5）做好对机械设备人员的教育，要求其持证上岗，对所有设备进行检查与验收。

6）对材料，特别是大模板存放和吊装使用。

7）施工人员上下通道。

8）对一些特殊结构工程，如钢结构吊装、大型梁架吊装以及特殊危险作业，要对施工方案、安全措施和技术交底进行检查与验收。

(4) 装修施工阶段的重点检查内容

1) 对外装修脚手架、吊篮、桥式架子的保险装置、防护措施在投入使用前进行检查与验收，日常期间要进行安全检查。

2) 室内管线洞口防护设施。

3) 室内使用的单梯、双梯、高凳等工具及使用人员的安全技术交底。

4) 内装修使用的架子搭设和防护。

5) 内装修作业所使用的各种染料、涂料和胶黏剂是否挥发有毒气体。

6) 多工种的交叉作业。

(5) 竣工收尾阶段的重点检查内容

1) 外装修脚手架的拆除。

2) 现场清理工作。

2. 事故防范活动

事故防范活动包括事故告示活动、事故报告会、事故祭日活动、危险预知活动等。

(1) 事故告示活动

活动内容：对发生的伤亡、工作日损失、险肇事件等事故状况进行挂牌警告。

活动方式：警示牌。

活动目的：警告作用。

活动对象：现场职工。

组织部门：安全部门。

(2) 事故报告会

活动内容：对当年或某一阶段内本企业或同行业发生的事故进行报告。

活动方式：职工大会或车间会议。

活动目的：吸取教训，警钟长鸣。

活动对象：全员。

组织部门：生产和安全部门。

（3）事故祭日活动

活动内容：本单位案例或同行业重大事故案例回顾。

活动方式：会议、警告、挂黑旗等。

活动目的：警钟长鸣，教训常温，强化意识。

活动对象：全员。

组织部门：安全部门。

关键点：强化事故造成的痛苦和伤害。

（4）危险预知活动

活动内容：生产班组通过定期的班前、班后会议，进行危险作业分析、揭露、警告等活动。

活动方式：以生产班组为单位，对生产过程进行危险分析。

活动目的：通过职工自身的安全活动，控制生产过程中的危险行为物的危险状况。

活动对象：生产班组岗位职工。

组织部门：车间、生产班组。

关键点：严密组织，形式活泼，防止走过场。

3. 安全技能演习

安全技能演习，是为了提高生产人员安全意识及防范事故发生的技能，防止安全事故的发生，减少事故损害，把安全事故消灭在萌芽状态的按预定方案进行的实地练习活动。通过演习，知道什么情况下可能发生事故，能够为防范事故的发生找到依据，根据事故原因，制定防范措施，提前对设备设施采取维护保养、修缮，对可能的隐患进行治理，提高维修养护质量与安全管理水平，杜绝安全事故的发生。

（1）灭火技能演习

活动内容：进行各种消防器材的实际使用演练。

活动方式：模拟式实景训练。

活动目的：使职工熟悉每一种常规消防器材的使用。

活动对象：义务消防员、重点岗位职工。

（2）火灾应急技能演习

活动内容：对可能出现的火灾事故进行有效的岗位应急处置、个人救生等应急技能演练。

活动方式：现场模拟方式，按应急预案进行。

活动目的：对可能发生的险情做到正确地判断、处置、救生。

活动对象：全体职工。

（3）爆炸应急技能演习

活动内容：对可能出现的爆炸事故进行有效的车间岗位应急处置、个人求生等应急技能演练。

活动方式：现场模拟方式，按应急预案进行。

活动目的：对可能发生的险情做到正确地判断、处置、求生。

活动对象：全体职工。

4. 安全宣传活动

安全宣传活动是指通过宣传墙报、安全会议、广播电视宣传等活动提高人们的安全意识的活动。主要包括：

（1）安全会议。通过召开安全生产座谈会，组织人员学习安全知识，对各部门安全行为进行总结，提高人员的安全意识。

（2）广播电视宣传。可通过多媒体技术，将各部门有关事迹进行组织、编排，通过广播电视来达到宣传目的。

（3）安全板报、挂图、安全文件宣传。将安全知识、事故教训等做成板报、挂图，通过生动的图片和文字结合的方式将安全责任生动形象地深入人心。

（4）标志建设。通过在事故多发区、重大危险源所在地设立禁止标志、警告标志、指令标志，以此来提高人们的警惕心理。

5. 安全文艺活动

安全文艺活动是指为了促使人们提高安全意识、保障安全生产而进行的文艺活动，包括安全竞赛活动、安全生产周（月）、安全演讲比赛、安全贺年活动、安全“信得过”活动、三不伤害活动、班组安全建“小家”、开工安全警告会、现场安全计时活动等。

（1）安全竞赛活动。为强化员工安全观念、落实措施、提高事故预防能力，企业组织车间、班组、岗位通过查现场、问职工、看效果、定量评比的方式，对生产一线人员进行针对性的安全技能、班组建设、查隐患、安全生产建议等安全竞赛活动。

(2) 安全生产周（月）。为加强安全生产的宣传教育工作，使安全意识深入人心，通过安全会议、广播、教育宣传等形式，在固定周（月）进行的安全活动。

(3) 安全演讲比赛。通过组织安全常识、专业理论知识、安全生产形势、厂情等生动活泼的演讲比赛来提高员工安全意识。

(4) 安全贺年活动。在每年年末，举办贺年宴会，通过安全小册子、安全宣传图片等展示企业一年以来的安全事迹，并发放“安全知识贺年卡”“安全知识明信片”，以此来提高人们的凝聚力，勉励大家再接再厉，共创辉煌。

(5) 安全“信得过”活动。该活动的开展可实现保障工作环境安全，养成良好的工作习惯和生活习惯，达到提高工作效率和职工安全素质，确保安全生产的目的。落实“四一”工作程序法：班组一日一考核，一周一汇总；车间一月一检查，一季一总结；工厂半年一次检查验收；公司半年一次联合验收。在班组和生产基层对设备、工艺、操作、纪律等方面实施安全生产“信得过”。

(6) 现场安全计时活动。通过在现场挂警示牌的方式，标记表明安全生产（无重大伤亡、无事故停产、无火灾爆炸等）天数，对现场职工进行必要的提醒。

6. 零事故活动

KYT 活动，即危险预知活动，是针对生产特点和作业全过程，以危险因素为对象，以作业班组为团队开展的一项安全教育和训练活动，它是一种群众性的“自主管理”活动。

(1) KYT 活动基础四阶段法

第一阶段为大家一起预测危险，第二阶段为确定危险重点（又称小组行动目标），第三阶段为对所有的危险提出对策，第四阶段为在短时间内重点实施解决问题的项目与方法。同时，在四阶段 KYT 活动中加入“手指口唱”“手指齐呼”“接触齐呼”等形式。

（2）活动步骤

1）由班组长针对当班生产任务划分作业小组，指派工作能力强的人担任作业小组长。

2）作业小组长组织作业人员，持 KYT 卡片到作业现场开展 KYT 活动。

3）作业小组长向作业人员介绍工作任务及程序，采用有效的方法调动作业小组参与人员针对工作内容及程序，查找或预测可能存在的危险因素。

4）作业小组参与人员应结合各自工作内容，有针对性地挖掘危险因素，并提出相应的防范措施。

5）作业小组负责人（小组长）将收集到的危险因素及其对应措施的信息，整理记录在 KYT 活动卡片上，再次对所有作业小组参与人员进行一次复述，待所有人员认同后，进行签字确认。

6）作业小组负责人确认后开始作业。作业完毕后，应在当天将卡片交班组长检查认可。有条件的话，班组长应到现场进行检查验收。

作业参与人员在指出危险因素时，要充分利用身体语言对危险因素加以描述，以强化对危险形态的直观认识；作业过程中要持续运用“手指触动提示”和“触动报警”，保持现场作业人员对危险的警觉；对小组参与人员针对危险因素提出的相关防范措施，现场能立即整改的应在整改完毕后开始作业。

三、建筑施工企业安全活动的系统建设

安全文化活动系统是一种通过各种文体活动促进安全文化发展的系统，是必不可少的企业安全文化建设手段。在建设过程中要注意文化活动形式的安排、文化活动内容的安排、文化活动激励机制的建立。

1. 安全活动的形式安排

很多企业的安全文化活动只是一味地沿袭在办公室学习工作规

程、安全文件或阅读安全简报、事故通报或听取领导讲话等，而不习惯于到生产车间、施工现场结合实际进行现场分析、危险点评价，不注重现场讨论和彼此的思想沟通。要大力提倡互动式、参与性活动，激发释放组织成员的热情和智慧。安全负责人及有关领导应该经常参加文化活动，与员工沟通思想，交换意见，形成思想互动的安全活动。安全文化活动还应该随着生产实际和季节特点灵活改变形式，如现场座谈会、演讲、反事故演习、事故预想、安全知识竞赛、安全技术竞赛等，参与人多，有一定的压力感，容易吸收。

要将一些重要的活动固定化，形成一系列的仪式和庆典，这些仪式和庆典会成为集体记忆的一部分。这些活动能够表达并强化企业的安全核心价值观，表明哪些目标是重要的、哪些人是重要的、哪些行为是值得称颂的等。

2. 安全活动的内容安排

每次安全活动都有自身的侧重点，不可能涉及方方面面，因此，要考虑到员工的需要，将安全活动整体规划，将安全知识教育与安全价值观教育相结合。例如，反事故演习、事故预想、安全知识竞赛、安全技术竞赛等，都是针对安全文化知识而开展的文化活动；而关于安全感悟的现场座谈会、演讲等，则是对员工进行安全价值观教育。

3. 安全活动激励机制的建立

督促基层单位加大车间、班组的安全考核力度，建立职能部门与车间对接的关联安全责任制，对安全生产有突出成绩的职工给予奖励，达到安全压力人人挑，人人头上有指标。为职工创造一种“谁遵守安全行为规范谁有利，谁违反安全行为规范谁受罚”的管理环境，营造一种“以遵章守纪为荣，以违章违纪为耻”的安全文化环境，持之以恒，使职工将遵守安全行为规范变成自觉自愿的行动，而不遵守安全行为规范的举动变得与群体格格不入。

在建筑施工企业安全活动的系统建设中，要综合考虑文化活动形式的安排、文化活动内容的安排与文化活动激励机制的建立，表

4—1是系统建设中的常见安全活动汇总示例表。安全活动要求丰富多彩，形式多样。

表4—1　　常见安全活动汇总示例表

活动名称	活动频次	活动的主要内容及形式
班前会	每天一次	1. 点名并检查工人情绪； 2. 唱安全歌曲； 3. 对当班应知应会的内容进行提问； 4. 带班人员布置当班的安全注意事项（隐患点、关键点、危险点）； 5. 集体背诵安全理念
收工会	每天一次	由班长主持，总结当日工作情况，提出次日工作要求，评出优秀员工和试用员工
安全牌板展	每季一次	如“安全事故”牌板展、“行业安全教育”牌板展、“工人先锋号”牌板展等
安全摄影展	每季一次	展出矿井工人工作、学习、生活等方方面面的照片
安全警示月	每年两次	可以举办安全警示月启动仪式，活动内容有：安全宣誓、安全签名、送安全信等
安全生产月	每年一次	如“安全月咨询日”活动
岗位练兵和技术比赛活动	每年两次	开展各种技术练兵竞赛，组织开展技术比武理论考试
安全知识竞赛	每年两次	举办“班组长安全知识竞赛”“工人安全知识竞赛”
安全文艺演出	每年两次	举办警示教育专题文艺演出
安全日志活动	不定期	为住宿职工发放纸笔，让职工下班后，简练清楚地写出当班安全生产等情况，不断提示自己时刻注意安全
职工代表安全巡视	每年一次	组织职工代表到各基层单位进行安全质询和现场安全巡视

第三节　建筑施工企业安全作业

一、建筑施工企业安全作业的意义

规范现场安全作业，对贯彻落实安全生产方针，减少安全事故的发生，保护员工的生命和财产安全具有重要意义。

各单位应对本单位安全作业负责，落实作业证制度，按规定设置警示标识，贯彻落实职业病危害防治规章制度、操作规程，按规定配置劳动防护用品，贯彻落实职业危害事故应急救援措施，公布职业危害检测结果，贯彻落实危险化学品管理制度，对承包商进行安全管理，现场检查安全作业措施落实情况。

二、实现建筑施工企业安全作业的具体措施

1. 作业前的危害识别

在作业前，相关人员应根据确定的对象，选择一种或几种评估方法进行作业前的危害识别和风险评估。作业前要进行工作危害分析、安全检查分析、环境因素识别和环境因素评价四种方法，要求每一名员工在工作前，对工作中可能会出现的危害因素和环境影响因素进行分析，充分考虑发生危害的根源及性质，以及可能发生的后果，即存在什么样的危害、谁会受到伤害（影响）、伤害（影响）会怎样发生。通过打分的形式辨别危害事件发生的可能性及后果的严重性，计算其乘积，决定风险（环境因素）的大小并采取相应的措施。对所识别的重大风险（环境因素）以及可容忍的风险（环境因素）要进行汇总，编制重大及可容忍的风险（环境因素）清单，制定风险（环境因素）控制措施，并编写风险（环境因素）评估报告。

为确保安全，危害识别是进行任何一项作业前必须要做的。通过危害识别，明确在实施过程中存在可能造成人员伤害、职业病危害、财产损失、工作环境破坏等的危害，清楚认识到这些危害因素的发生频率和严重程度，并能有针对性地采取预防措施，降低危害的严重性，减少危害发生的可能性。

2. 事前预防措施的制定

预防在前是实现安全生产的重要手段。采取预防措施能将事故消灭在萌芽状态，或降低事故的损失，最大限度地追求不发生事故、不损害人身健康、不破坏环境的 HSE 目标。

防范措施按适用时间可分为事前型和事后型两类。事前型预防措施指的是为了预防事故的发生而采取各种预防手段，它又分为软性和硬性两种。软性预防手段包括组织员工进行风险（环境因素）评估、开展员工教育培训等方面，主要是从员工的认识、意识上入手，提醒员工的安全生产素质，来实现安全生产的目的。硬性预防手段包括制定相应的管理规章制度、发放各种劳保用品、督促员工严格穿戴、执行等，这些都是员工在生产操作中必须遵循的，是生产的必须保证，也是可以通过考核奖惩来督促落实的。这两种预防手段都要求在员工工作之前开展，主要起预防事故发生的目的，是一种主动预防方法。事后型是针对生产过程中可能会出现的各种事故，事先制定好事故发生后应采取的应急措施，正确处理可能发生的突发事件和紧急情况，将事故损失减到最低，它主要是针对一些危害（环境影响）大、后果严重的环节。

虽然在每一项工作前都进行了风险（环境因素）评估，采取了相应的防范措施，但是突发事件仍是不可避免的，如人的不安全行为、物的不安全状态、不可控制的天灾等，因此现代安全管理体系专门为此提出了应急管理概念，并要求对于重大及不可容忍的危害（环境影响）要制定应急预案，包括应急预案的编制、应急物资和资料的准备、应急预案的培训和演练等方面，以应对突发事件的发生。

3. 操作标准的熟练掌握

在生产实践中学习操作标准的方法有很多种，有现场教授法、员工之间传帮带，有个人自学法、在实践中摸索。因此，学习和掌握岗位作业指导书，是员工实现规范操作安全生产的基本保证。识危害、找对策、学标准，是一名合格员工工作前必须要做的三件事。只有把好这三道关，对工作有清晰的认识，工作才能得心应手，畅通无阻，才能做到安全生产。

三、建筑施工企业安全作业要求

1. 土建施工作业

（1）在进行基础开挖前，应预先对该处的土质情况进行边坡的设置计算。

（2）基础开挖时，应按边坡设置方案进行预留，不得超挖或不留边坡。

（3）在基础开挖时，尽可能用机械开挖代替人工开挖。同时应避免人工与机械交叉作业。

（4）对外运土石方的车辆或接近基础坑边的车辆进行限制，防止将边坡压塌。

（5）机械挖掘完成后，应对边坡进行排险，包括边坡上不稳定的土方和石块、基础坑边缘的土方和石块，防止土方或石块回落伤人。

（6）如果有大面积不稳定边坡时，应对边坡进行人工加固。

（7）边坡两侧的土石方或物料摆放，应与坑边缘保持不小于500 mm的距离，防止土石方或材料受干扰，进入基础坑伤人。

（8）雨后如边坡灌水，要对边坡的稳定性进行检查，将有可能坍塌或回落的土石方进行预先清理。

（9）在低于地面的基础坑内施工的时候，在基础坑边的模板要摆放整齐，模板堆放位置距离坑边不得小于500 mm。

（10）向基础坑内传递模板时，动作必须协调一致，在下方人员接稳后方可松手。禁止向基础坑内抛扔模板及其附件。

（11）在支模板时，配合要默契。防止挤伤手或砸伤脚。

（12）在支撑大面积的模板时，必须使用专用固定设施，防止倾倒压伤人员或设备。

（13）在近基础坑边坡作业时，要留出足够的活动空间及畅通的出入通道。在超地 2 m 深的基础坑内近边坡作业时，应在坑边设立警示标志，防止因有人靠近或在附近作业时使物件掉入基础坑内伤人。

（14）在模板与边坡间隙内作业时，要防止模板翻倒挤伤。

（15）在高处进行模板作业时，模板上下必须用绳子或其他专用机械运送，不得抛掷。

（16）在高处进行模板作业时，禁止任何人在警戒区内作业或停留。如果必须进入时，进入人员应先通知上方作业人员停止作业。

（17）拆除模板时，必须按预先设定的顺序进行拆除，多组人同时作业时必须相互提醒和观察拆除进度，保证按照设定程序进行拆除。禁止抢进和故意拖后。

（18）拆除的模板及其他附件必须及时清理，防止阻塞通道。

2. 脚手架作业

（1）搭设脚手架的材料必须是经检验合格的，有变形、裂纹等缺陷的脚手架架杆、连接件和紧固件严禁使用，脚手架的紧固件、连接件不得以焊接方式修复。

（2）脚手架的基础地面必须平整、夯实、坚硬，其金属基板必须平整，不得有任何变形，地面较松软时必须使用扫地杆或垫板以增大受力面和增大稳定性。

（3）所有脚手架必须按有关标准和法规搭设（脚手架要横平竖直，跨度和间距要符合规范要求）。无论脚手架搭设到何种高度都不允许出现不稳定状况。

（4）脚手架上的跳板必须铺设整齐，宽度、长度应保持一致（特殊部位除外）。任何脚手架上的跳板必须固定牢固，平台面上不得有较大孔洞（特殊部位除外）。

（5）脚手架作业平台必须安装护栏，护栏高度为 910～1 150 mm。作业平台要保持清洁。

（6）脚手架必须安装上下行梯子。

（7）搭设高空作业脚手架必须经 HSE 监督人员检查认可，合格后挂牌方可使用。

（8）脚手架严禁超载（270 kg/m^2），电焊把线与接地线严禁搭在钢脚手架上。尽可能避免在脚手架下交叉面作业。

（9）施工前要进行班前安全讲话，对班组成员结合当天施工任务进行安全交底。

（10）未按安全规定作业造成事故后果的，按事故严重程度确定处罚额度。

（11）未及时安排对施工现场进行清理，或者施工现场杂乱的，按公司“低、老、坏”处罚细则进行处罚。

3. 驾驶员作业

（1）遵守施工现场限速规定和业主及有关方的交通安全管理规定。

（2）司机必须持有有效的驾驶执照和特种操作证，驾驶执照必须与其驾驶的车辆相一致，未经批准不得将所驾驶车辆交与他人驾驶。

（3）车辆应按要求配备使用的灭火器，驾驶员应对灭火器每月检查、记录。

（4）特种车辆驾驶员将车辆交与他人驾驶或使用，造成的损失全部由特种车辆驾驶员承担。

（5）驾驶员未对所驾驶车辆进行日常检查，或发现问题未及时处理、报告而造成事故的承担全部损失。

（6）未经驾驶员同意，强行驾驶他人车辆，造成事故后果的由驾车人负全部责任。

（7）长途车驾驶员及乘车人员必须佩戴安全带。驾驶员私自捎客或捎货，造成的损失全部由驾驶员本人承担。

（8）驾驶员必须保持驾驶室清洁卫生，驾驶室内严禁放无关的工具和物品。

（9）用于运送施工人员的卡车应专门设计上下行梯子和护栏。运输人员的车辆严禁超员，行驶时不得猛然起动、刹车、转向，严禁人货混载。

（10）运输超大物件、危险品的车辆必须设置明显的警示标志。

（11）进入防火防爆场所的车辆必须佩戴阻火器。

（12）严格遵守《中华人民共和国道路交通安全法》和《中华人民共和国道路交通管理条例》。

4. 热处理作业

（1）操作人员必须具有热处理资格证，辅助人员必须具备电气方面的基本知识。

（2）接触保温棉的人员，必须穿戴好防护用品，衣袖、裤脚、领口要扎紧。

（3）热处理用电源、输出电线必须严格按照设计要求选用，满足用电需求。

（4）加热装置接线、绑扎时，应防止绑扎铁丝切入加热带（块）造成短路。接线头应用专用接线头，不得随意用他物替代。

（5）加热时，应按热处理方案进行加热和降温，加、降温过程中不得用手直接接触加热部分。

（6）加热过程中需重新包扎时，必须待已加热的部位冷却至常温时方可拆除包扎。

（7）包扎完成后，对所用输电线应进行检查，无破损、裸露等漏电可能后方可送电加热。

（8）在热处理过程中，加热件附近不得存放易燃、可燃物品；禁止用易燃、可燃物作临时支撑。并应配备消防器材。

（9）正在热处理的物件应设置警示标志，防止接触。

（10）热处理的保温品及其废料必须及时收集，放回指定堆放点。

（11）在作业过程中出现如过敏等，立即就医。

（12）对大型设备进行热处理时，要预先对其内部热影响区进行检查，防止有可燃物存在。同时，对大型设备的出入口进行封闭，并作好警戒，防止他人误入。

（13）大型设备整体热处理时，要仔细检查设备内外存在的可燃物、燃料气控制装置、点火装置及有关检测设备，防止出现爆炸性混合气体及中间熄火，引发事故。

5. 防腐涂装作业

（1）涂装作业人员不得有妨碍高空作业的身体、生理缺陷。

（2）对涂装作业用料无过敏反应，无职业病。

（3）涂装作业前，应检查所用工具、机械及高空作业设施，是否符合安全要求。

（4）涂装作业时，必须按工作性质穿戴好防护用品，必要时应佩戴防毒面具。

（5）有限空间防腐衬里作业时，应符合有限空间作业的全部安全要求。

（6）滚动、转动的设备内部作业时，应切断动力源，并在醒目处挂警示牌“有人作业，禁止启动”。

（7）设备容器内不得有汽油、胶水、树脂、二氯乙烷等可燃有毒物品。

（8）衬里材料耐火砖等未达到设计强度前应作好防坍塌工作。

（9）金属喷涂时，不得将面部朝向金属喷涂气液，防止吸入金属烟尘和熔融金属微粒烧伤裸露皮肤。操作人员不得多于2人，且应轮换操作。在有限空间内给喷枪点火时，不得频繁放空。

（10）涂料作业必须有良好的通风设施。

（11）严禁在衬里作业的同时进行电火花检测及针孔检测。

（12）作业人员有不良反应时，应立即退出，到有新鲜空气的地方休息或送医院诊治。

（13）使用易引起皮肤过敏的涂料前，作业人员应做过敏试验，过敏的不得从事作业。

（14）涂料桶应拿牢放稳，不得将涂料洒在脚手架上。油漆桶倾翻后应将洒出的油漆及时处理掉。

（15）油漆桶附近不得有明火作业。

（16）作业中不得用粘有涂料的手摸擦眼睛和皮肤。

（17）油漆洒到皮肤上时，应用肥皂水擦洗，严禁用汽油稀释擦洗。

（18）使用明显有毒性的涂料，必须制定特殊的防毒作业措施。

（19）涂装作业用的机械应由专业人员操作，空压设备压力指示、安全阀等附件必须齐全。

（20）涂装作业人员必须建立体检档案，按期进行检查，发现有职业病的应调离原工作岗位。

6. 有限空间作业

（1）有限空间作业前按工艺图纸确定管道断开方案，并加盲板，做好记录。

（2）进入有限空间作业，必须办理有限空间作业票。

（3）有限空间作业需有专人监护，并应确定内外互相联络方法和信号。

（4）有限空间出入口应无障碍，保证畅通无阻。

（5）进入盛装过可燃、有害物质的设备内作业，必须对容器内气体、液体进行清理置换，并经检测有限空间内可燃、有毒、有害物质的浓度符合要求后方能进入作业。

（6）作业人员应穿戴、佩戴符合要求的劳动工装和防护器具。

（7）作业人员必要时采取轮班在容器内作业的方式。

（8）作业前、后登记和清点人员、工具、材料，防止遗留在设备内。

（9）必要时有限空间外配备应急救护用具和灭火器具。

7. 高空作业

（1）作业人员身体条件符合要求，无恐高症。

（2）作业人员着装符合工作要求。

（3）作业人员正确佩戴安全帽、安全带，离地面 2 m 以上的作业必须挂牢安全带后方可作业，禁止安全带低挂高用。

(4) 作业点下方设警戒区，并设警戒标志。

(5) 现场搭设的脚手架，防护围栏符合规定要求。

(6) 垂直分层作业中间应有隔离设施。

(7) 攀登作业时要手抓牢、脚蹬稳，避免滑跌，重心失稳。

(8) 夜间高处作业要有充足可靠的照明，必要时安装临时照明灯具。

(9) 特级高处作业配备通信联络工具并安排专人监护。

(10) 严禁使用吊车、卷扬机运送作业人员。

(11) 施工人员配备工具袋，施工工具和工件应有防滑落措施。

(12) 严禁向下抛投杂物。

8. 起重作业

(1) 所有起重设备、绳索、滑轮、卸扣、绳卡等必须具有合格证或质量证明书和使用说明书。作业前应按有关标准认真进行检查，确认符合要求后方可使用。

(2) 使用吊车进行吊装作业，应根据被吊物件的重量、规格、吊装位置、作业半径及工作环境，选用型号合适的吊车。

(3) 吊车吊装前，应对吊车进行全面检查，吊车应处于完好状态。吊车不得超载，歪拉斜吊或起吊不明重量的物件。

(4) 吊车行走、作业的路面及场地应坚实平整，其承受能力能满足吊车行走及作业的要求。

(5) 轮胎式吊车，作业前支撑腿应全部伸出，并在铁鞋下垫好铁拍、枕木，支腿有定位销的必须插上。

(6) 大中型吊装作业前应进行技术交底，全体人员必须熟知吊装方案、指挥信号、安全技术要求及设备性能、吊装作业环境，驾驶员与起重工进行指挥信号交换，双方确认后达到良好沟通方可进行作业。

(7) 吊装作业中，吊车行走时吊物与地面高差不得大于 500 mm，且必须鸣笛示警。

(8) 大中型设备及构件的吊装，应编制吊装方案和安全技术措施，经有关技术及安全负责人签字，项目领导批准后实施。实施中未经主管人员许可不得任意改变方案。

(9) 大中型设备及构件吊装前，应与当地气象部门取得联系，了解气象变化情况，当出现妨碍吊装的雨水或风速大于 10.8 m/s（六级以上含六级）时，不应进行室外吊装作业。

(10) 吊装作业应有专人指挥，明确分工。参加吊装人员应坚守岗位，并根据指挥命令工作。吊装过程中任何岗位出现问题，应立即向指挥者报告，没有指挥者的命令，任何人不得擅自操作或离开岗位。

(11) 大中型设备、构件吊装前应进行试吊。试吊前参加吊装人员应按岗位分工，严格检查吊耳、起重机械和索具的性能情况，确认符合方案要求后才可试吊。重物吊离地面 200～500 mm 后停止提升，检查吊车的稳定性、制动器的可靠性、重物的平衡性、绑扎的牢固性，确认无误后，方可继续提升。

(12) 吊装前吊件上应系牢固溜绳，防止吊装过程中吊装摆动、旋转或碰、挂其他物件。

(13) 吊件不得长时间在空中停留，如必须停留，应采取可靠措施。

(14) 吊车作业时，其配重旋转范围内严禁人员进入，吊物不得从操作室、驾驶室上方通过，一般采取背向吊装。

(15) 任何在现场架空线（裸线）、变压器及重要用电设备附近的起重作业，必须严格控制拔杆、吊臂及吊物与环境中高压线或带电设备的间距，不得小于要求安全距离。

(16) 吊装作业时必须设置半径不小于吊车桅杆最高高度 1.5 倍的安全防护区，并在区域边缘设置警戒线。

(17) 吊装作业开始，非直接实施起重作业人员严禁在安全防护区内停留。

9. 现场临时用电作业

(1) 施工现场的一切电气作业必须由持有特种作业资格证的电工承担。无证人员不得违章作业。

(2) 临时用电必须按规定敷设线路，选用的电线电缆必须满足用电安全性需要。

（3）架空线路必须采用绝缘线架空在木制或水泥电杆上，严禁架设在脚手架上。

（4）低压架空线路架空高度不得低于 2.5 m，跨越道路时离地面高度不低于 6 m。

（5）施工现场禁止使用导线。

（6）绝缘导线临时在地面铺设或穿越道路埋设时必须加钢套管保护。

（7）电气设备移装或拆除后，不得留有可能带电的线头。

（8）现场用电必须实行“一机一闸一保”制，严禁一个开关控制两台以上用电器具。

（9）施工现场电气设备及手持电动工具应有可靠的接地及漏电保护措施。

（10）现场用闸刀开关，防护盖应齐全，不得以金属丝代替熔丝。不得带负荷开合闸。

（11）防爆场所，严禁用非防爆设备及非防爆电源接插头（座）。

（12）电气设备检修时，应先切断电源，并挂上“有人作业，严禁合闸”的警示牌。

（13）现场用照明电路必须绝缘良好，布置整齐。照明灯具的高度，室内不低于 2.5 m，室外不低于 3 m。

（14）有限空间作业，必须使用符合安全电压的行灯。

10. 电焊作业

（1）焊接前应检查焊接设备、工具并达到完好，防护用品要齐全完好、工作地点是否符合要求。

（2）焊钳与把线必须绝缘良好、连接牢固，更换焊条应戴手套，在潮湿地点工作，应站在绝缘胶板或木板上。

（3）在金属容器或大口径管道内焊接或切割时，应有良好的通风和排除有毒烟尘的装置，严禁向容器和管道内输入氧气。

（4）清除焊渣和采用电弧气刨清根时，应戴防护眼镜或面罩，防止铁渣飞溅伤人。

（5）工作时注意，以免火花及熔渣随风飘落而引起火灾，焊条头不得随意乱丢，应收回交库，做到文明施工。

（6）电焊把线和氧气、乙炔胶管，应固定地绑在工作地点的支架上，工具应放入工具袋，焊接材料应放在稳妥方便的地方。

（7）容器内使用电压为12 V手提灯，容器外应设专人配合施工并做好安全监护。

（8）氧气瓶、乙炔表及焊割工具上禁止沾染油脂。

（9）氧气、乙炔瓶应配齐防振帽，搬运时防止撞击和剧烈振动。

（10）氧气瓶、乙炔瓶间距不得小于4 m，氧气瓶、乙炔瓶距明火距离不小于10 m，点火时，焊割枪口不准对人，正在燃烧的焊、割炬不得放在工件和地面上。

四、建筑施工企业安全作业的相关标准

建筑施工企业安全作业的相关标准主要有：

《火灾自动报警系统施工及验收规范》（GB 50166—2007）；

《自动喷水灭火系统施工及验收规范》（GB 50261—2005）；

《气体灭火系统施工及验收规范》（GB 50263—2007）；

《泡沫灭火系统施工及验收规范》（GB 50281—2006）；

《建筑施工安全检查标准》（JGJ 59—99）；

《施工企业安全生产评价标准》（JGJ/T 77—2003）；

《石油化工建设工程施工安全技术规范》（GB 50484—2008）；

《建筑施工土石方工程安全技术规范》（JGJ 180—2009）；

《建筑机械使用安全技术规程》（JGJ 33—2001）；

《施工现场机械设备检查技术规程》（JGJ 160—2008）；

《建设工程施工现场供用电安全规范》（GB 50194—93）；

《施工现场临时用电安全技术规范》（JGJ 46—2005）；

《液压滑动模板施工安全技术规程》（JGJ 65—89）；

《建筑施工模板安全技术规范》（JGJ 162—2008）；

《建筑施工门式钢管脚手架安全技术规范》（JGJ 128—2000）；

《建筑施工扣件式钢管脚手架安全技术规范（2002 年版）》（JGJ 130—2001）；

《建筑施工木脚手架安全技术规范》（JGJ 164—2008）；

《建筑施工碗扣式钢管脚手架安全技术规范》（JGJ 166—2008）；

《建筑施工高处作业安全技术规范》（JGJ 80—91）；

《建筑拆除工程安全技术规范》（JGJ 147—2004）；

《建筑施工现场环境与卫生标准》（JGJ 146—2004）。

五、“手指口述”安全确认法在建筑施工安全作业中的应用

“手指口述”安全确认法是一种通过心想、眼看、口说、手指的指向性集中联动而达到强制注意的科学规范的操作方法。手指口述的要求是：工人在工作前确认对象物时，用手指向被操作物品或设备，响亮地说出具体操作要领，确保确认到位。这样可以使作业者集中注意力，避免无意识的行为，预知操作的危险性，防止在未经安全确认的情况下盲目操作。手指口述是提升岗位作业质量、确保安全生产的重要手段，也是岗位作业文明行为养成的重要的基本内容。

建筑施工行业的手指口述安全确认法可以按照建筑行业各工种的特点和操作注意事项分工种编制。虽然建筑施工行业工种较多，但是建筑施工各工种的手指口述安全确认法有其共同的特点和规律。

1. 施工前的安全确认要点

（1）施工人员有无饮酒者，有无疲劳者，有无身体出现异常者，精神状态是否良好；

（2）安全经理、技术经理是否进行安全技术交底，是否根据工程实际情况讲清楚潜在的危险及安全注意事项；

（3）施工人员劳动保护用品是否配备齐全并正确使用，机械设备保护装置是否完好有效，施工作业环境及“四口五临边”防护是否安全可靠；

（4）施工现场“三级配电，两级保护”以及电线、电缆是否完好、有效。

2. 施工中的安全确认要点

（1）施工用工器具是否使用（运转）正常；

（2）施工作业周边环境是否发生不安全因素，施工时是否会给其他作业人员带来安全威胁；

（3）安全防护用品是否正确使用；

（4）随着工作面的推进，洞口、临边安全防护措施是否到位、可靠。

3. 施工完毕的安全确认要点

（1）使用工具是否全部拿离现场；

（2）现场是否已清理，材料堆放是否安全；

（3）用电设备是否停机断电，机械等是否回到安全状态；

（4）所有配电箱、开关箱是否断电、上锁。

六、案例分析

1. 土建施工作业

2008年12月11日，4名工人在某小区工程挡土墙基槽开挖时，近20 m高的边坡在未按有关规定采取相应安全技术措施进行支护的情况下，受雨水浸泡后突然坍塌，4名工人被掩埋入土方中，当场死亡。

事故技术方面的原因是：挡土墙基槽开挖土方边坡呈直壁状，没有按规定对高度达到20 m的边坡进行放坡，也未采取任何支护措施，再加上受雨水浸泡使边坡失稳坍塌。

事故管理方面的原因有：

（1）工程项目无证施工，未办理施工许可证、未办理安全报监、监理公司未按规定进行监理，使工程施工处于无监管状态。

（2）对高边坡工程未进行论证、评估和编制单项施工组织设计，擅自开工建设。施工单位违章施工，安全管理混乱，无安全保证体系和相应的规章制度，未进行安全检查和安全教育，现场工人违章作业，盲目蛮干。

（3）监理单位未严格履行安全监理责任，监而不管，未实行现场旁站监督检查，无视重大事故隐患的存在，严重失职。

2. 起重作业

2004 年 9 月 11 日早晨，某装修公司大连温州城项目部施工队队长罗某安排工人焦某、陈某、李某 3 人站在高处作业吊篮（电动爬架，以下简称吊篮）内进行外墙大理石干挂作业。8 时 20 分左右，吊篮一侧的提升钢丝绳突然从固定的钢卡内“抽签”，造成吊篮倾斜坠地（坠落高度约 7 m），吊篮内的 3 名作业人员也随吊篮一起坠地受伤；吊篮坠地的同时，在楼内进行室内装修作业的内装公司瓦工娄某从楼内出来，恰好路经吊篮下方，不慎被吊篮砸伤头部（没有戴安全帽），随后 4 人立即被送到医院抢救和救治。娄某经抢救无效死亡，焦某、陈某轻伤留院治疗，李某经简单处置后回到单位。

经过事故调查组的调查，认定造成这起伤亡事故发生的原因是由于施工设备有缺陷、现场安全管理不善等造成的生产安全责任事故。

事故发生的直接原因有：

（1）现场所使用的吊篮存在缺陷。施工现场所使用的吊篮没有按使用说明书进行安装，工作钢丝绳和安全钢丝绳端固定不牢，致使钢丝绳与绳卡夹脱扣（“抽签”），导致吊篮一端坠地。

（2）内装公司瓦工娄某安全意识不强，在从楼内出来时，没有观察门外上方是否有人在作业，贸然从有人在外墙上方进行干挂大理石作业的大门出去，而且违章不戴安全帽，不慎被下坠的吊篮砸到头部受伤致死。

事故发生的间接原因有：

（1）装修公司对温州城外装修施工现场的安全管理不善。施工组织方案缺少吊篮使用的具体安全方案及操作规定，致使吊篮在使用时因承重钢丝绳的卡扣固定不牢，难以承载吊篮本身和吊篮上作业人员及大理石板等的重量而“抽签”，导致吊篮一端坠地。在进行外墙吊篮作业时，没有在地面设立防止其他作业人员进入危险区域的警戒措施，也没有指派专人在现场进行监护。同时缺乏对作业现场的安全检查，对作业人员的安全教育交底和专业技能培训不够等。

（2）监理公司违反《建设工程安全生产管理条例》的有关规定，没有认真履行工程监理的职责。监理公司在审查施工方案时，发现对使用吊篮没有详细的方案和措施，虽然提出整改要求，但施工队没有拿出整改方案依然让其使用，特别是吊篮在使用中发生故障后也没有采取有效措施要求其整改，仍继续让其使用。另外，对施工现场同时进行内、外装修存在交叉作业，可能发生人员伤亡事故的危险性认识不足，没有要求外装公司在进行外墙吊篮作业时，必须在地面设立防止其他作业人员进入危险区域的警戒措施和指派专人在现场进行监护，没有及时采取措施封堵吊篮下的通道。

（3）开发公司对多个施工单位在温州城进行室内外装饰装修存在交叉作业，可能发生人员伤亡事故的危险性认识不足，对施工现场缺乏组织与协调。

（4）内装公司缺乏对施工现场的安全管理。对作业人员的安全教育不够，使作业人员违章不戴安全帽，又盲目进入危险区域被坠落的吊篮砸伤致死。

3. 脚手架作业

某大桥为一座长 236 m，宽 13 m，4 个桥墩，主孔为 80 m 的现浇箱型拱桥。该工程由某集团十一公司承建，自贡市某建设监理公司监理。

2002 年 2 月 8 日，对已搭设完毕的大桥支撑脚手架进行荷载试验，检验其承载能力。由于此支撑架的搭设没有详细的施工方案和设计计算，对支撑脚手架进行荷载试验也无规范的荷载试验方案和对操作程序的严格规定，因此对脚手架也没有检查验收，只凭经验搭设。在加荷载过程中既没有专人指挥，也没有严格按照自大桥两岸向中间对称加载的方法。当大桥一端因加载的砖块未到，人员撤离到岸边休息时，另一端人员却继续加载，从而使桥身负荷偏载，重心偏移，脚手架立杆弯曲变形。当加载至设计荷载的90%（1 100 t）时，脚手架失稳整体坍塌，20多名施工人员全部坠入河中，造成3人死亡、7人受伤。

这起事故的直接原因是脚手架承载力不足，而脚手架承载力不足是由于没有详细的荷载试验施工方案，造成对材质无人检验，对杆件间距及搭设没有科学要求和检验，再加上加载程序无人指挥和严格控制，从而导致脚手架坍塌。监理单位没有依照法规及有关技术标准对承包单位实施监督，也是这起事故发生的原因。

4. 高处作业

2002年2月20日上午，某电厂5、6号机组续建工程现场，屋面压型钢板安装班组张某、罗某、贺某、刘某、代某5名工人在6号主厂房屋面板安装压型钢板。在施工中未按要求对压型钢板进行锚固，即向外安装钢板。在安装推动过程中，压型钢板两端（张某、罗某、贺某在一端，刘某、代某在另一端）用力不均，致使钢板一侧突然向外滑移，带动张某、罗某、贺某3人失稳坠落至三层平台死亡，坠落高度19.4 m。

事故的直接原因是：

（1）临边高处悬空作业，不系安全带。

（2）违反施工工艺和施工组织设计要求进行施工。根据施工组织设计要求，铺设压型钢板一块后，应首先进行固定，再进行翻板，而实际施工中既未固定第一张板，也未翻板，而是采取平推钢板，由于推力不均从而失稳坠落。

（3）施工作业面下无水平防护（安全平网），缺乏有效的防坠落措施。

事故的间接原因是：

（1）教育培训不够，工人安全意识淡薄，违章冒险作业。

（2）项目部安全管理不到位，专职安全员无证上岗，项目部对当天的高处作业未安排专职安全员进行监督检查，致使违章和违反施工工艺的行为未能及时被发现和制止。

（3）施工组织设计、方案、作业指导书中的安全技术措施不全面，没有对锚固、翻板、监督提出严格的约束措施，落实按工序施工不力，缺少水平安全防护措施。

第五章
建筑施工企业安全物质文化建设

第一节　建筑施工企业安全设施

一、安全设施的定义

安全设施是指为防止生产活动中可能发生的人员误操作、人身伤害或外因引发的设备（设施）损坏，而设置的安全标志、设备标识、安全警示线和安全防护的总称。

安全设施是防止伤亡事故发生，减少职业危害的一项重要措施。建设安全设施可以改善劳动条件、防止事故、预防职业病、提高职工安全素质。企业应根据各自的生产特点，采取各种办法，完善各种安全设施，保障劳动者的安全与健康。

二、安全设施的分类

根据目的不同，安全设施可以分为以下四类。

1. 安全设施

安全设施是以防止工伤事故和减少事故损失为目的而设置的设施，如各种安全防护装置、保险装置、信号装置、防火防爆装置、安全标志、紧急避险设施等。

2. 卫生设施

卫生设施指改善对职工身体健康有害的生产环境条件、防止职业中毒与职业病的设施。如防尘、防毒、防噪声与振动、通风、降温、防寒等装置或设施，个人防护用品等。

3. 辅助设施

辅助设施指保证工业卫生方面所必需的房屋及一切卫生性保障设施。如尘毒作业人员的淋浴室、更衣室或存衣箱、消毒室、妇女卫生室、急救室等。

4. 安全宣传教育设施

安全宣传教育设施指提高作业人员安全素质的有关宣传教育设备、仪器、教材和场所等。如安全生产教育室、安全卫生教材、挂图、宣传画、培训室、安全卫生展览等。

三、建筑施工企业安全防护装置

在施工现场，施工人员面临的不安全因素多，其中机械设备的伤害占较大比例，而这部分伤害事故中，除机械设备本身缺陷原因外，有的是在施工时，安全防护装置不够，起不到安全防护作用。有时，安全防护装置能弥补机械设备本身的缺陷，起到保护工人人身安全的作用。在安全防护装置的建设上，要注意以下几方面：

（1）建筑施工企业应按要求设置安全网。安全网是用来防止人、物坠落或用来避免、减轻坠落及物体打击伤害的网具。安全网分为两类：安装平面不垂直水平面，主要用于挡住坠落人和物的安全网称平网；安装平面垂直水平面，主要用来防止人或物坠落的安全网称为立网。安全网是施工现场重要的安全防护装置，是边、口处必不可少的防护设施，因此要在事故易发处设置适当的安全网。

（2）确保物料提升机安全防护装置的齐全及其有效运作。物料提升机的安全装置一般有安全停靠装置、断绳保护装置、上下极限限位移、超载限位器、吊笼安全门、缓冲器、进出料口安全防护门、防砸防护棚等安全设施。建筑施工企业应保证这些设施的齐全，不能随意取消任何安全设施的设置，同时应保证这些安全防护装置的正常运转，以达到保护施工人员人身安全的目的。

（3）注重“四口五临边”的防护。“四口”指楼梯口、电梯口、通道口、预留洞口。“五临边”指尚未安装栏杆的阳台周边、无外架防护的屋面周边、框架工程楼层周边、上下通道斜道两侧边、卸料台两侧边。“四口五临边”作为洞口和高空作业露出建筑物的临边洞口，作业时危险性大，不加强有效防护或防护不当，都将使人与物遭受坠落打击的危险。因此，应根据相关技术措施、按照有关安全要求做好“四口五临边”的防护工作。

四、建筑施工企业施工机械设备

建筑施工企业生产活动多为露天、高空、交叉作业，施工机具多，机械设备流动性大，因机械设备原因造成的安全事故，在建筑业的整个安全事故中占有相当的比例。而且，尽管施工机械设备众多，但从近年来机械设备伤害事故的情况分析，绝大多数事故都出在塔式起重机上。因此，建筑施工企业在物质安全文化建设中应确保施工机械设备处于安全状态。具体应注意以下几方面：

(1) 采购、租赁符合安全施工要求的机械设备。施工企业采购、租赁机械设备及配件时，除必须了解其性能、结构、质量、价格、服务等主要因素外，还应详细了解其安全防护装置的配备情况、可靠程度，司机操作时的舒适程度等，一般应优先选择国家公认或中国质协推荐的优质产品，并在进入施工现场前进行查验。

(2) 实行安全生产责任制，切实加强对建筑施工机械设备安全管理。施工现场的机械设备及配件必须由专人管理，落实岗位责任。

(3) 特殊工种必须持证上岗，确保施工机械设备装、拆和使用安全。垂直运输机械作业人员、安装拆卸工、起重信号工等特种作业人员，必须取得特种作业操作资格证书后，方可上岗作业。

(4) 定期检查、维修和保养施工机械设备，建立相应的资料档案。施工机械通常在露天、多尘和恶劣的气候环境中工作，设备易老化。因此，要加强设备使用全过程中的定期自查工作，对不符合标准、要求的施工机械设备坚决停用整改，消除隐患。

（5）适时更新设备。当设备从经济上到安全性能上已无法满足使用要求时，必须淘汰报废，禁止使用。

（6）由具有相应资质的单位安装、拆卸施工起重机械。安装、拆卸施工起重机械应当编制拆装方案、制定安全施工措施。施工起重机械安装完毕后，安装单位应当自检，出具自检合格证明，并向施工单位进行安全使用说明，办理验收手续并签字。

五、建筑施工企业安全标志

建筑施工企业安全标志是传递安全信息的主要途径。

1. 建筑施工企业安全标志分类

建筑施工企业安全标志分为主标志和补充标志两类。

（1）主标志。包括禁止标志，警告标志，指令标志，路标、名牌、提示标志，指导标志。禁止标志：禁止或制止人们的某种行为的标志；警告标志：警告人们注意可能发生危险的标志；指令标志：指示人们必须遵守某种规定的标志；路标、名牌、提示标志：告诉人们目标方向、地点的标志；指导标志：提高人们安全生产意识和劳动卫生意识的标志。

（2）补充标志。是主标志的文字说明或方向指示，只能与主标志同时使用。

2. 标志牌的设置高度

标志牌设置的高度，应尽量与人眼的视线高度相一致。悬挂式和柱式的环境信息标志牌的下缘距地面的高度不宜小于 2 m，局部信息标志的设置高度应视具体情况确定。

3. 使用安全标志牌的要求

（1）标志牌应设在与安全有关的醒目地方，并使人们看见后，有足够的时间来注意它所表示的内容。环境信息标志宜设在有关场所的入口处和醒目处，局部信息标志应设在所涉及的相应危险地点或设备（部件）附近的醒目处。

（2）标志牌不应设在门、窗、架等可移动的物体上，以免这些物体位置移动后，看不见安全标志。标志牌前不得放置妨碍认读的障碍物。

（3）标志牌的平面与视线夹角应接近90°角，观察者位于最大观察距离时，最小夹角不低于75°。

（4）标志牌应设置在明亮的环境中。

（5）多个标志牌在一起设置时，应按警告、禁止、指令、提示类型的顺序，先左后右、先上后下地排列。

（6）标志牌的固定方式分附着式、悬挂式和柱式三种。悬挂式和附着式的固定应稳固不倾斜，柱式的标志牌和支架应牢固地连接在一起。

（7）其他要求应符合《公共信息导向系统设置原则与要求》（GB 15566—2007）的规定。

4. 检查与维修

安全标志牌每半年至少检查一次，如发现有破损、变形、褪色等不符合要求时应及时修整或更换。

5. 建筑施工企业各类标志牌介绍

（1）禁止标志

禁止标志的基本形状为带斜杠的圆环。禁止标志的颜色为白底、红圈、红斜杠、黑图形符号。建筑施工企业常用禁止标志见表5—1。

表5—1　　建筑施工企业禁止标志

续表

禁止放易燃物
禁止启动
禁止合闸
禁止转动
禁止触摸
禁止跨越
禁止攀登
禁止跳下
禁止入内
禁止停留
禁止通行
禁止靠近
禁止吊篮乘人
禁止堆放
禁止抛物
禁止戴手套
化纤
禁止穿化纤服装
禁止穿带钉鞋
禁止饮用

（2）警告标志

警告标志的基本形状为等边三角形，顶角朝上。警告标志的颜色为黄底、黑边、黑图形符号。建筑施工企业常用警告标志见表5—2。

表 5—2　　建筑施工企业常用警告标志

续表

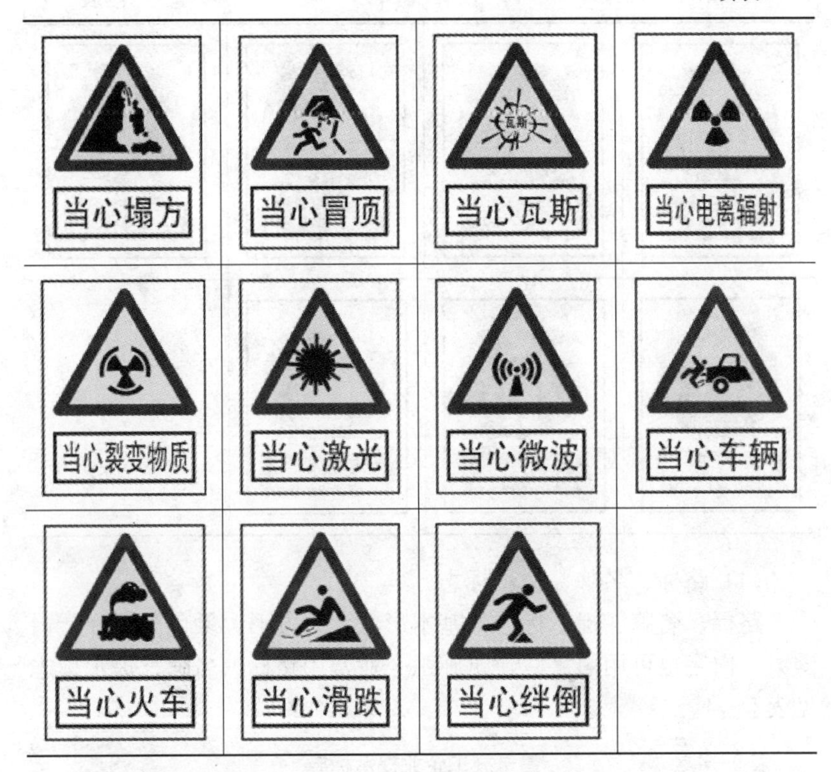

（3）指令标志

指令标志的基本形状为圆形，颜色为蓝底、白图形符号。建筑施工企业常用指示标志见表 5—3。

表 5—3　　　　建筑施工企业常用指令标志

续表

（4）路标、名牌、提示标志

路标、名牌、提示标志的基本形状为长方形，颜色为绿底、白图案，白字也可用黑字。建筑施工企业常用路标、名牌、提示标志见表5—4。

表5—4　　建筑施工企业提示标志

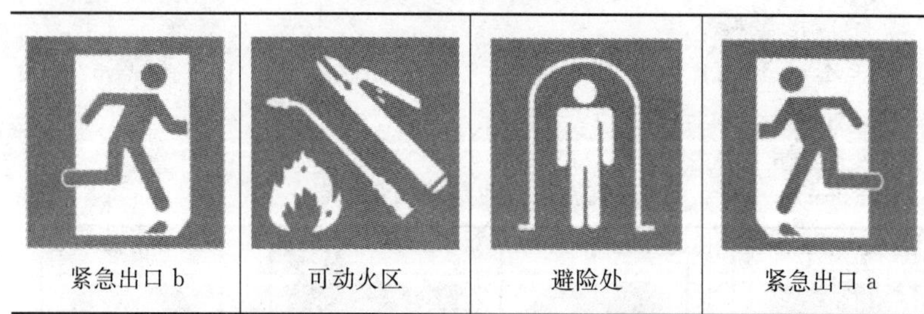

紧急出口 b	可动火区	避险处	紧急出口 a

（5）指导标志

指导标志分为安全生产指导标志和劳动卫生指导标志，基本形状为长方形，其颜色为白底、绿图形符号、绿字。指导标志的符号、名称、设置地点见表5—5。

表 5—5　　指导标志的符号、名称、设置地点

编号	符号	名称	设置地点
1	安全第一 预防为主	安全生产指导标志	提高安全生产意识、加强安全生产教育的场所，旗帜悬挂在庭院旗杆上或高层建筑屋顶上
2	注意卫生 文明生产	劳动卫生指导标志	提高劳动卫生意识、加强劳动卫生教育的场所，旗帜悬挂在庭院旗杆上或高层建筑屋顶上

（6）补充标志

补充标志包括文字补充标志和方向补充标志。文字补充标志是将主标志的名称横写在矩形的底板内，可放在主标志下方，也可放在左方或右方，其底色与连用的主标志底色相统一，文字的颜色，除警告标志用黑色外，其他标志均为白色。补充标志如图 5—1、图 5—2 所示。

图 5—1　文字补充标志

图 5—2　方向补充标志

六、事故案例分析

某市银行大厦，建筑面积 21 000 m^2，共 18 层，框架结构，由该市某建筑工程公司承建。某年 10 月 12 日下午 15 时左右，该工地工人王某、李某、曹某 3 人在附房 5 楼拆除模板与脚手架。王某在拆除 5 楼东侧临边脚手下排架时，因自己单独操作，不慎被钢管带动坠地，经抢救无效死亡。

发生该事故的直接原因：2 楼无挑网防护，现场防护不到位；单人在 5 楼临边部位作业；操作人员未系安全带，无辅助人员配合操作。

发生事故的间接原因：现场管理不严，安全管理人员业务知识不强，工作不到位，操作人员缺少防护知识，冒险蛮干，安全技术交底针对性不强，安全生产责任制未真正落实，缺乏安全教育。

第二节　建筑施工企业安全环境

施工场所环境指施工队伍进行生产活动的周围环境，是施工企业依据安全生产的需要创造的人工环境。建筑施工过程中现场环境非常复杂，粉尘、有毒有害气体、不良气象条件、噪声与振动等严重威胁着安全生产，其职业病危害也十分严重，所以给工人提供一个安全的工作环境非常重要。

一、作业环境

1. 粉尘

建筑企业在施工过程中产生多种粉尘，主要包括矽尘、水泥尘、电焊尘、石棉尘以及其他粉尘等。

（1）矽尘。在挖土机、推土机、铺路机、压路机、钻孔机、凿岩机、碎石设备作业，挖方工程、土方工程、地下工程、竖井和隧道掘进作业，爆破作业，喷砂除锈作业，旧建筑物的拆除和翻修作业等条件下产生。

（2）水泥尘。在水泥运输、储存和使用等条件下产生。

（3）电焊尘。在电焊作业等条件下产生。

（4）石棉尘。在保温工程、防腐工程、绝缘工程作业；旧建筑物的拆除和翻修作业等条件下产生。

（5）其他粉尘。木材加工产生木尘，钢筋、铝合金切割产生金属尘，装饰作业使用腻子粉产生混合粉尘，使用石棉代用品产生人造玻璃纤维、岩棉、渣棉粉尘等。

生产性粉尘进入人体后，根据其性质、沉积的部位和数量的不同，可引起不同的病变，就其病理性质可概括如下几种：

（1）尘肺，例如矽尘、水泥尘、电焊尘。

（2）全身中毒性，例如铅、锰、砷化物等粉尘。

（3）局部刺激性，例如生石灰、漂白粉、水泥等粉尘。

（4）光感应性，例如沥青粉尘。

（5）感染性，例如破烂布屑、兽毛、谷粒等粉尘有时附有病原菌。

（6）致癌性，例如铬、镍、砷、石棉及某些光感应性和放射性物质的粉尘。

根据《工作场所有害因素职业接触限值　第1部分：化学有害因素》（GBZ 2.1—2007）规定，工作场所空气中粉尘的容许浓度见表5—6。

2. 噪声

建筑行业在施工过程中产生的噪声，主要可分为机械性噪声和空气动力性噪声。

产生机械性噪声的作业主要有凿岩机、钻孔机、打桩机、挖土机、推土机、自卸车、起重机、混凝土搅拌机、传输机等作业，混凝土破碎机、碎石机、压路机、移动沥青铺设机等作业，混凝土振

表 5—6　　工作场所空气中粉尘容许浓度

名称	PC-TWA/mg · m^{-3}	
	总尘	呼尘
石灰石粉尘	8	4
水泥粉尘（游离 SiO_2 含量＜10%）	4	1.5
矽尘		
10%≤游离 SiO_2 含量≤50%	1	0.7
50%＜游离 SiO_2 含量≤80%	0.7	0.3
游离 SiO_2 含量＞80%	0.5	0.2

动棒、电动圆锯、刨板机、金属切割机、电钻、磨光机、射钉枪类工具等作业，构架、模板的装卸、安装、拆除、清理、修复以及建筑物拆除作业等。

产生空气动力性噪声的作业主要有通风机、鼓风机等作业，空气压缩机、铆枪、发电机等作业，爆破作业，管道吹扫作业等。

噪声对人体的影响是全身心、多方面的。噪声会妨碍人们的正常工作和休息。在噪声环境中工作，人容易感觉疲乏、烦躁，以及注意力不集中、反应迟钝、准确性降低等。噪声可直接影响作业能力和效率。由于噪声掩盖了作业场所的危险信号或警报，使人不易察觉到危险的来临，往往还会导致工伤事故的发生。长期接触强烈噪声会对人体如下几个系统产生有害影响：

（1）听力系统。噪声的有害作用主要表现在对听力系统的损害上。在强噪声作用下，可导致人永久性的听力下降，引起噪声聋；极强噪声可导致听力器官发生急性外伤，即爆震性聋。

（2）神经系统。长期接触噪声可导致大脑皮层兴奋和抑制功能的平衡失调，出现头痛、头晕、心悸、耳鸣、疲劳、睡眠障碍、记忆力减退、情绪不稳定、易怒等症状。

（3）其他系统。长期接触噪声可引起其他系统的应激反应，如可导致心血管系统疾病加重、引起肠胃功能紊乱等。

每周工作 5 d，每天工作 8 h，稳态噪声限值为 85 dB（A），非稳态噪声等效声级的限值为 85 dB（A），见表 5—7。脉冲噪声工作场所，噪声声压级峰值和脉冲次数不应超过表 5—8 的规定。

表 5—7　　工作场所噪声职业接触限值

接触时间	接触限值/dB（A）	备注
每周工作 5 d，每天工作为 8 h	85	非稳态噪声计算 8 h 等效声级
每周工作 5 d，每天工作不为 8 h	85	计算 8 h 等效声级
每周工作不为 5 d	85	计算 40 h 等效声级

表 5—8　　工作地点脉冲噪声声级的卫生限值

工作日接触脉冲次数	峰值/dB
100	140
1 000	130
10 000	120

3. 高温

建筑施工活动多为露天作业，夏季受炎热气候影响较大，少数施工活动存在热源（如沥青制备，焊接、预热等），因此建筑施工活动存在不同程度的高温危害。

当高温环境的热强度超过一定限度时，可对人体产生多方面的不利影响。高强影响主要有以下几个方面：

（1）人体热平衡。在高温环境下作业可导致人体体温上升。如人体体温上升到 38℃以上时，一部分人即可表现出头痛、头晕、心慌等症状。严重者可能导致中暑或热衰竭。

（2）水盐代谢。高温作业者由于排汗增多而丧失大量水分、盐分，若水分、盐分不能及时得到补充，可出现工作效率低、乏力、口渴、脉搏加快、体温升高等现象。

（3）循环系统。在高温条件下作业时，人的皮肤血管扩张，血管紧张度降低，可致使血压下降。但在高温与重体力劳动相结合的情况下，血压也可增高，不过舒张压一般不增高，甚至略有降低。脉搏加快，心脏负担加重。

（4）消化系统。在高温环境下作业，易引起消化道胃液分泌减少，因而食欲减退。高温作业工人消化道疾病患病率往往高于一般工人，而且工龄越长，患病率越高。

（5）泌尿系统。长期在高温条件下作业，若水盐供应不足，可使尿浓缩，增加肾脏负担，有时可以导致肾功能不全。

（6）神经系统。在高温、热辐射环境下作业，可出现中枢神经系统抑制，注意力和肌肉工作能力降低，动作的准确性和协调性差。由于劳动者的反应速度降低，正确性和协调性受到阻碍，所以容易发生工伤事故。

根据《高温作业分级》（GB/T 4200—2008），高温作业是指在生产劳动过程中，其工作地点的平均 WBGT 指数大于或等于 25℃的作业。WBGT 指数也称为湿球黑球温度，是综合评价人体接触作业环境热负荷的一个基本参量。

接触时间率 100%，体力劳动强度为Ⅳ级，WBGT 指数限值为 25℃；劳动强度分级每下降一级，WBGT 指数限值增加 1～2℃；接触时间率每减少 25%，WBGT 限值指数增加 1～2℃，见表 5—9。室外通风设计温度大于等于 30℃的地区，表 5—9 中规定的 WBGT 指数相应增加 1℃。

表 5—9　　工作场所不同体力劳动强度 WBGT 限值

接触时间率（%）	体力劳动强度/℃			
	Ⅰ	Ⅱ	Ⅲ	Ⅳ
100	30	28	26	25
75	31	29	28	26
50	32	30	29	28
25	33	32	31	30

4. 振动

部分建筑施工活动存在局部振动和全身振动危害。产生局部振动的作业主要有混凝土振动棒、凿岩机、风钻、射钉枪类、电钻、电锯、砂轮磨光机等手动工具作业，产生全身振动的作业主要有挖土机、推土机、刮土机、移动沥青铺设机和铺路机、压路机、打柱机等施工机械以及运输车辆作业。

振动作用于人体后，在感觉上会引起不舒适，强烈的振动甚至不能忍受。振动可使人们的作业能力下降，引起姿势平衡和空间定向的障碍，影响听力和手眼动作配合的准确度，影响注意力集中，容易疲劳，导致工作效率降低。强烈的振动会造成组织器官移位、挤压而影响机体正常的生理功能，冲撞性振动甚至会造成组织损伤。

在长期振动的作用下，可引起周围神经和血管功能的改变、脚腿痛、下肢疲劳及感觉异常。由于耳内前庭和内脏受振动刺激后的反射作用，可出现脸色苍白、冷汗、恶心、呕吐、头昏、眩晕、呼吸浅表、脉搏和血压降低等现象。

5. 化学毒物

许多建筑施工活动可产生多种化学毒物，主要有：

（1）爆破作业产生氮氧化物、一氧化碳等有毒气体。

（2）油漆、防腐作业产生苯、甲苯、二甲苯、四氯化碳、酯类、汽油等有机蒸气，以及铅、汞、镉、铬等金属毒物；防腐作业产生沥青烟。

（3）涂料作业产生甲醛、苯、甲苯、二甲苯、游离甲苯二异氰酸酯以及铅、汞、镉、铬等金属毒物。

（4）建筑物防水工程作业产生沥青烟、煤焦油、甲苯、二甲苯等有机溶剂，以及石棉、阴离子再生乳胶、聚氯酯、丙烯酸树脂、聚氯乙烯，环氧树脂、聚苯乙烯等化学品。

（5）路面敷设沥青作业产生沥青烟等。

（6）电焊作业产生锰、镁、铬、镍、铁等金属化合物，氮氧化物、一氧化碳、臭氧等。

在生产经营活动中，通常会生产或使用化学物质，它们发散并存在于工作环境空气中，对劳动者的健康产生危害，这些化学物质称为生产性毒物（或化学性有害物质）。

化学物质的危害程度分级分为剧毒、高毒、中等毒、低毒和微毒五个级别。毒物的危害性不仅取决于毒物的毒性，还受生产条件、劳动者个体差异的影响。因此，毒性大的物质不一定危害性大，毒性与危害性不能画等号。生产性毒物的危害主要表现在以下几个方面：

（1）神经系统。铅、锰中毒可损伤运动神经、感觉神经，引起周围神经炎。重症中毒时可引发脑水肿。

（2）呼吸系统。一次性大量吸入高浓度的有毒气体可引起窒息；长期吸入刺激性气体能引起慢性呼吸道炎症，可出现鼻炎、咽炎、支气管炎等上呼吸道炎症；长期吸入大量刺激性气体可引起严重的呼吸道病变，如化学性肺水肿和肺炎。

（3）血液系统。铅可引起低血色素贫血，苯及三硝基甲苯等毒物可抑制骨髓的造血功能，表现为白细胞和血小板减少，严重者可发展为再生障碍性贫血。一氧化碳可与血液中的血红蛋白结合形成碳氧血红蛋白，使人体组织缺氧。

（4）消化系统。汞盐、砷等毒物经口大量进入人体时，可出现腹痛、恶心、呕吐与出血性肠胃炎。铅及铊中毒时，可出现剧烈的持续性的腹绞痛，并有口腔溃疡、牙龈肿胀、牙齿松动等症状。长期吸入酸雾，可使牙釉质破坏、脱落。四氯化碳、溴苯、三硝基甲苯等可引起急性或慢性肝病。

（5）泌尿系统。汞、砷化氢、乙二醇等可引起中毒性肾病，如急性肾功能衰竭、肾病综合征和肾小管综合征等。

（6）其他。生产性毒物还可引起皮肤、眼睛、骨骼病变。许多化学物质可引起接触性皮炎、毛囊炎。接触铬、铍的工人的皮肤易发生溃疡，如长期接触焦油、沥青、砷等，可引起皮肤黑变病，甚至诱发皮肤癌。酸、碱等腐蚀性化学物质可引起刺激性眼结膜炎或角膜炎，严重者可导致化学性灼伤。

工作场所空气中化学物质容许浓度见表5—10。

6. 其他因素

许多建筑施工活动还存在紫外线作业、电离辐射作业、高气压作业、低气压作业、低温作业、生物因素影响等。

表 5—10 工作场所空气中化学物质容许浓度

名称	职业接触限值		
	最高容许浓度 /mg·m^{-3}	时间加权平均容许浓度 /mg·m^{-3}	短时间接触容许浓度 /mg·m^{-3}
二氧化硫		5	10
甲醛	0.5		
硫化氢	10		
苯		6	10

电磁辐射包括非电离辐射和电离辐射。非电离辐射分为射频辐射、红外线辐射、紫外线辐射、激光辐射等，电离辐射包括 X 射线及 α 射线辐射等。

（1）射频辐射。射频包括高频电磁场、超高频电磁场和微波等。射频辐射对人体的影响不会导致组织器官的器质性损伤，主要引起功能性改变，并具有可逆性特征，在停止接触数周或数月后往往恢复。

（2）红外线辐射。红外线辐射对机体的影响主要是对皮肤和眼睛。

（3）紫外线辐射。强烈的紫外线辐射作用可引起皮炎，表现为弥漫性红斑，有时可出现小水泡和水肿，并有发痒、烧灼感。在作业场所比较多见的是紫外线对眼睛的损伤，即由电弧光照射所引起的职业病——电光性眼炎。

（4）激光辐射。激光对人体的危害是由它的热效应和光化学效应造成的，能烧伤皮肤。

（5）X 射线及 α 射线辐射等。在一些特殊的工作场所，工人有可能接触到放射性物质（放射源）。放射源发出的放射线，可作用于人体的细胞、组织和体液，直接破坏机体结构或使人体神经内分泌系统调节发生障碍。当人体受到超过一定剂量的放射线照射时，便可产生一系列的病变（放射病），严重的可造成死亡。

低温作业的危害主要有：

(1) 体温调节。寒冷刺激皮肤，引起人体皮肤血管收缩，身体减少散热，同时内脏血流量增加，代谢加强，肌肉产生剧烈收缩，产热增加，可保持正常体温。如果在低温环境中的时间过长，超过了人体的适应和耐受能力，体温调节发生障碍，当直肠温度降为30℃时，即出现昏迷，一般认为体温降至26℃以下极易引起死亡。

(2) 中枢神经系统。在低温条件下，脑内高能磷酸化合物的代谢降低，此时神经兴奋性与传导能力减弱，会出现痛觉迟钝和嗜睡状态。

(3) 心血管系统。低温作用初期，心脏血输出量增加，后期则心率减慢、心脏血输出量减少。长时间在低温作用下可导致循环血量、白细胞和血小板减少，从而引起凝血时间延长，血糖降低。寒冷和潮湿能引起血管长时间痉挛，致使血管营养和代谢发生障碍，加之血管内血流缓慢，易形成血栓。

(4) 其他部位。如果较长时间处于低温环境中，由于神经系统兴奋性降低，神经传导减慢，可造成感觉迟钝、肢体麻木、反应速度和灵活性降低，活动能力减弱。最先影响手足，可使作业能力受到不同程度的影响，由于动作能力降低，差错率和废品率上升。在低温下人体其他部位也发生相应变化，如呼吸减慢、血液黏稠度逐渐增加、胃肠蠕动减慢等。由于过冷，致使全身免疫力和抵抗力降低，易患感冒、肺炎、肾炎等疾病，同时还可引起肌痛、神经痛、腰痛、关节炎等。

二、建筑施工企业安全环境建设

创造良好的施工场所环境，要求建筑施工企业进行安全生产文明施工，具体应做到以下几点：

(1) 建设工程施工现场周边应设置连续、密闭的围墙。其高度不得低于1.8 m，使用的材料应保证围墙稳固、整齐、美观；围墙外部应做简易装饰，色彩与周围环境协调。

(2) 工程标牌应配备齐全。主要为施工总平面布置图、工程概况牌、文明施工管理牌、组织网络牌、安全纪律牌、防火须知牌。

（3）成品、半成品及原材料的堆放应整齐、安全。

（4）现场场地及道路应硬地化。施工范围内的所有场地均应硬质化；现场场地和道路要平坦、通畅，并设置相应的安全防护设施和安全标志；周边设排水明沟，交汇处设沉淀池，现场不允许有积水。

（5）有效控制粉尘。平时派专人在场地和道路上洒水，防止随风扬尘；由于其他原因而未做到的硬地化部位，要定期压实地面和洒水，减少灰尘对周围环境的污染；禁止在施工现场焚烧有毒、有害和有恶臭气味的物质；装卸有粉尘的材料时，应洒水湿润和在仓库内进行；现场绿化派专人定期洒水。

（6）控制噪声。应采用低噪声的工艺和施工方法。

（7）应努力创造采光充足、照明适度、温度和湿度舒适、通风效果好的施工作业场所。

（8）改善现场卫生。建筑垃圾要集中堆放，及时处理；建立防火、防爆、防污染、防有毒气体的管理制度以及应急处置措施。工地应设男、女分隔冲水厕所，并确保通风良好；定时清扫厕所，严防臭气外逸。工地食堂要设置在适宜场所，不宜与易燃、易爆物品存放处、厕所等相邻；工地食堂要办理卫生许可证，炊事人员应办理健康合格证，且两证挂、贴在醒目的位置。民工住宿使用双层刷漆钢架床，严禁睡通铺、架板和稻草。

（9）配备办公用房、宿舍、食堂、仓库、卫生间、淋浴室及消防用的砂、水池等临时建筑物、构筑物。临时建筑物、构筑物，要求稳固、安全、整洁，并满足消防要求。现场设置集体宿舍时，应具备良好的防潮、通风、采光等性能，并与作业区隔离；按设计架设用电线路，严禁任意拉线接电，严禁使用电炉和明火烧煮食物。生活区的环境卫生应设专人打扫。施工现场是施工人员进行生产活动的场所，其环境的好坏直接影响工人的情绪，甚至影响工人的人身安全。创建良好的施工场所环境对安全生产有重要意义，也是安全物质建设的重要内容之一。

三、安全环境建设措施

1. 粉尘预防措施

（1）综合防尘措施

综合防尘措施可概括为八个字，即“革、水、密、风、护、管、教、查”。

“革”：工艺改革。以低粉尘、无粉尘物料代替高粉尘物料，以不产尘设备、低产尘设备代替高产尘设备，这是减少或消除粉尘污染的根本措施。

“水”：湿式作业可以有效地防止粉尘飞扬。例如，湿式凿岩、铸造业的湿砂造型等。

“密”：密闭尘源。使用密闭的生产设备或者将敞口设备改造成密闭设备，这是防止和减少粉尘外逸、治理作业场所空气污染的重要措施。

“风”：通风排尘。受生产条件限制，设备无法密闭或密闭后仍有粉尘外逸时，要采取通风措施，将产尘点的含尘气体直接抽走，以确保作业场所空气中的粉尘浓度符合国家卫生标准。

“护”：受生产条件限制，在粉尘无法控制或高浓度粉尘条件下作业时，必须合理、正确地使用防尘口罩、防尘服等个人防护用品。

“管”：领导要重视防尘工作，防尘设施要改善，维护管理要加强，确保设备的良好、高效运行。

“教”：加强防尘工作的宣传教育，普及防尘知识，使接触粉尘者对粉尘危害有充分的了解和认识。

“查”：定期对接触粉尘人员进行健康检查；对于从事特殊作业的人员，应发放保健津贴；有作业禁忌证的人员，不得从事接触粉尘作业。

（2）建筑企业的防尘措施

1）技术革新。采取不产生或少产生粉尘的施工工艺、施工设备和工具，淘汰粉尘危害严重的施工工艺、施工设备和工具。

2）采用无危害或危害较小的建筑材料。如不使用石棉、含有石棉的建筑材料。

3）采用机械化、自动化或密闭隔离操作。如挖土机、推土机、铺路机、压路机等施工机械的驾驶室或操作室密闭隔离，并在进风口设置滤尘装置。

4）采取湿式作业。凿岩作业采用湿式凿岩机；爆破采用水封爆破；喷射混凝土采用湿喷；钻孔采用湿式钻孔；场地平整时，配备洒水车，定时喷水；拆除作业时采用湿式作业拆除、装卸和运输含有石棉的建筑材料。

5）设置局部防尘设施和净化排放装置。如焊枪配置带有排风罩的小型烟尘净化器，凿岩机、钻孔机等设置捕尘器。

6）劳动者作业时应在上风向操作。

7）根据粉尘的种类和浓度为劳动者配备合适的呼吸防护用品，并定期更换。呼吸防护用品的配备应符合《呼吸防护用品的选择、使用与维护》（GB/T 18664—2002）的要求，如在建筑物拆除作业中，可能接触含有石棉的物质（如石棉水泥板或石棉绝缘材料），为接触石棉的劳动者配备正压呼吸器、防护板；在罐内焊接作业时，劳动者应佩戴送风头盔或送风口罩。

2. 噪声预防措施

建筑企业噪声的预防控制主要应从消除和减弱生产中的噪声源、控制噪声的传播、加强个人防护和卫生保健措施三个方面着手。

（1）消除和减弱生产中的噪声源。这是防止噪声危害的根本措施，尽量选用低噪声施工设备和施工工艺代替高噪声施工设备和施工工艺。

（2）控制噪声的传播。对高噪声施工设备采取隔声、消声、隔振降噪等措施，尽量将噪声源与劳动者隔开。如气动机械、混凝土破碎机安装消声器，机器运行时应关闭机盖（罩），相对固定的高噪声设施（如混凝土搅拌站）设置隔声控制室。

（3）尽可能减少高噪声设备作业点的密度。

（4）加强个人防护，使用劳动防护用具。噪声超过 85 dB（A）的施工场所，应为劳动者配备有足够衰减值、佩戴舒适的护耳器，减少噪声作业时间，实施听力保护计划。

（5）卫生保健措施。接触噪声的人员应定期进行体检。以听力检查为重点，对于已出现听力下降者，应加以治疗和加强观察，严重者应调离噪声作业岗位。有明显的听觉器官疾病、心血管病、神经系统器质性疾病者，不得参加接触强烈噪声的工作。

3. 高温预防措施

（1）夏季高温季节应合理调整作息时间，避开中午高温时间施工。严格控制劳动者加班，尽可能缩短工作时间，保证劳动者有充足的休息和睡眠时间。

（2）降低劳动者的劳动强度；采取轮流作业方式，增加工间休息次数和休息时间，如延长午休时间、尽量避开高温时段进行室外高温作业等。

（3）当气温高于 37℃时，一般情况应当停止施工作业。

（4）各种机械和运输车辆的操作室和驾驶室应设置空调。

（5）在罐、釜等容器内作业时，应采取措施，做好通风和降温工作。

（6）在施工现场附近设置工间休息室和浴室，休息室内设置空调或电扇。

（7）夏季高温季节为劳动者提供含盐清凉饮料（含盐量为 0.1%～0.2%），饮料水温应低于 15℃。

（8）加强个人防护。高温作业的工作服应结实、耐热、宽大、便于操作，应按不同作业的需要，佩戴工作帽、防护眼镜、隔热面罩及穿隔热靴等。

（9）高温作业人员应进行就业前和入暑前体检，凡有心血管系统疾病、高血压、溃疡病、肺气肿、肝病、肾病等疾病的人员，不宜从事高温作业。

4. 振动预防措施

（1）加强施工工艺、设备和工具的更新、改造。尽可能避免使用手持风动工具；采用自动、半自动操作装置，减少手及肢体直接接触振动体；用液压、焊接、粘接等代替风动工具的铆接；采用化学法除锈代替除锈机除锈等。

（2）风动工具的金属部件改用塑料或橡胶，或用各种衬垫物，减少因撞击而产生的振动；提高工具把手的温度，改进压缩空气进出口方位，避免手部受凉风吹袭。

（3）手持振动工具应安装防振手柄，劳动者应戴防振手套，挖土机、推土机、铺路机、压路机等驾驶室应设置减振设施。

（4）减少手持振动工具的重量，改善手持工具的作业体位，防止强迫体位，以减轻肌肉负荷和静力紧张；避免手臂上举姿势的振动作业。

（5）采取轮流作业方式，减少劳动者接触振动的时间，增加工间休息次数和休息时间。冬季还应注意保暖防寒。

5. 化学毒物

（1）优先应用无毒建筑材料，用无毒材料替代有毒材料、低毒材料替代高毒材料。如尽可能选用无毒水性涂料；不得使用国家明令禁止使用或者不符合国家标准的有毒化学品，禁止使用含苯的涂料、稀释剂和溶剂；尽可能减少有毒物品的使用量。

（2）尽可能采用可降低工作场所化学毒物浓度的施工工艺和施工技术，使工作场所的化学毒物浓度符合《工作场所有害因素职业接触限值　第1部分：化学有害因素》（GBZ 2.1—2007）的要求，在高毒作业场所尽可能使用机械化、自动化或密闭隔离操作，使劳动者不接触或少接触高毒物品。

（3）设置有效的通风装置。在使用有机溶剂、稀料、涂料或挥发性化学物质时，应当设置全面通风或局部通风设施，保证足够的新风量。

（4）使用有毒化学品时，劳动者应正确使用施工工具，在作业点的上风向施工。分装和配制油漆、防腐、防水材料等挥发性有毒材料时，尽可能采用露天作业，并注意现场通风。工作完毕后，有机溶剂、涂料容器应及时加盖封严，防止有机溶剂的挥发。使用过的有机溶剂和其他化学品应进行回收处理，防止乱丢乱弃。

（5）使用有毒物品的工作场所应设置黄色区域警示线、警示标识和中文警示说明。警示说明应载明产生职业中毒危害的种类、后果、预防以及应急救援措施等内容。使用高毒物品的工作场所应当设置红色区域警示线、警示标识和中文警示说明，并设置通信报警设备，设置应急撤离通道。

（6）存在有毒化学品的施工现场附近应设置盥洗设备，配备个人专用更衣箱；使用高毒物品的工作场所还需设置淋浴间，其工作服、工作鞋帽必须存放在高毒作业区域内；接触经皮肤吸收局部作用危险性大的毒物，应在工作岗位附近设置应急洗眼器和沐浴器。

（7）接触有毒化学品的劳动者，应当配备有效的防毒口罩（或防毒面具）、防护服、防护手套和防护眼镜。

（8）拆除使用防虫、防蛀、防腐，防潮等化学物（如有机氯666、汞等）的旧建筑物时，应采取有效的个人防护措施。

（9）应对接触有毒化学品的劳动者进行职业卫生培训，使劳动者了解所接触化学品的毒性、危害后果以及防护措施。从事高毒物品作业的劳动者应当经培训考核合格后，方可上岗作业。

（10）项目部应定期对工作场所的重点化学毒物进行检测、评价。

6. 其他因素预防措施

（1）防辐射措施

1）不选用放射水平超过国家标准限值的建筑材料，尽可能避免使用放射源或射线装置的施工工艺。

2）合理设置电离辐射工作场所，并尽可能安排在固定的房间或围墙内；综合采取时间防护、距离防护、位置防护和屏蔽防护等措施，使受照射的人数和受照射的可能性均保持在可合理达到的尽量低水平。

3）按照《电离辐射防护与辐射源安全基本标准》（GB

18871—2002）的有关要求进行防护。将电离辐射工作场所划分为控制区和监督区，进行分区管理。在控制区的出入口或边界上设置醒目的电离辐射警告标志，在监督区边界上设置警戒绳、警灯、警铃和警示牌。必要时应设专人警戒。进行野外电离辐射作业时，应建立作业票制度，并尽可能安排在夜间进行。

4）进行电离辐射作业时，劳动者必须佩戴个人计量计，并尽量佩戴报警仪。

5）电离辐射作业的劳动者经过必要的专业知识和放射防护知识培训，考核合格后持证上岗。

6）施工企业应建立电离辐射防护责任制，建立严格的操作规程、安全防护措施和应急救援预案，采取自主管理、委托管理与监督管理相结合的综合管理措施。

7）隧道、地下工程施工场所存在氡及其子体危害或其他放射性物质危害，应加强通风和防止内照射的个人防护措施。

8）工作场所的电离辐射水平应当符合国家有关职业卫生标准。当劳动者受照射水平可能达到或超过国家标准时，应当进行放射作业危害评价，安排合适的工作时间和选择有效的个人防护用品。

（2）低温作业的防护措施

1）避免或减少采用低温作业或冷水作业的施工工艺和技术。

2）低温作业应当采取自动化、机械化工艺技术，尽可能减少低温、冷水作业时间。

3）尽可能避免使用振动工具。

4）做好防寒保暖措施，在施工现场附近设置取暖室、休息室等。劳动者应当配备防寒服（手套、鞋）等个人防护用品。

5）注意个人防护。在低温环境中工作，应穿戴导热性小、吸湿性强的防寒服装、鞋靴、手套、帽子等。在潮湿环境下劳动时，应穿橡胶长靴或戴橡胶围裙等防湿用品。工作前后涂搽防护油膏也有一定的保护作用。必须使低温作业工人在就业时掌握防寒知识，养成良好的卫生习惯。

6）卫生保健措施。加强耐寒锻炼，能够提高肌体对低温的适应能力，这是防止低温危害的有效方法之一。对于低温作业人员，应定期体检，年老、体弱及有心血管、肝、肾等疾病患者，应避免从事低温作业。

第三节　建筑施工企业劳动防护

一、劳动防护用品的种类

劳动防护用品是指由生产经营单位为从业人员配备的，使其在劳动过程中免遭或者减轻事故伤害及职业危害的个人防护装备。使用劳动防护用品，是保障从业人员人身安全与健康的重要措施，也是生产经营单位安全生产日常管理的重要工作内容。

劳动防护用品的种类很多，主要有三种分类方法。

1. 根据劳动防护用品防护性能分类

（1）特种劳动防护用品。特种劳动防护用品目录由国家安全生产监督管理总局确定并公布。根据《特种劳动防护用品安全标志实施细则》，特种劳动防护用品分为头部护具类、呼吸护具类、眼（面）护具类、防护服类、防护鞋类、防坠落护具类6大类。

（2）一般劳动防护用品。未列入特种劳动防护用品目录的劳动防护用品为一般劳动防护用品，如一般的工作服、手套等。

2. 根据劳动防护用品防护部位分类

（1）头部防护用品。主要有一般防护帽、防尘帽、防水帽、防寒帽、安全帽、防静电帽、防高温帽、防电磁辐射帽、防昆虫帽等。

（2）呼吸器官防护用品。按防护功能主要分为防尘口罩和防毒口罩（面罩），按形式又可分为过滤式和隔离式两类。

（3）眼面部防护用品。主要有防尘、防水、防冲击、防高温、防电磁辐射、防射线、防化学飞溅、防风沙、防强光等护具。

（4）听觉器官防护用品。主要有耳塞、耳罩和防噪声头盔。

（5）手部防护用品。主要有一般防护手套、防水手套、防寒手套、防毒手套、防静电手套、防高温手套、防 X 射线手套、防酸碱手套、防油手套、防振手套、防切割手套、绝缘手套等。

（6）足部防护用品。主要有防尘鞋、防水鞋、防寒鞋、防静电鞋、防酸碱鞋、防油鞋、防烫脚鞋、防滑鞋、防刺穿鞋、电绝缘鞋、防振鞋等。

（7）躯干防护用品。主要有一般防护服、防水服、防寒服、防砸背心、防毒服、阻燃服、防静电服、防高温服、防电磁辐射服、耐酸碱服、防油服、水上救生衣、防昆虫服、防风沙服等。

（8）护肤用品。主要有防毒、防腐、防射线、防油漆等不同功能的护肤用品。

3. 根据劳动防护用品用途分类

根据防止伤亡事故的用途，劳动防护用品可分为防坠落用品、防冲击用品、防触电用品、防机械外伤用品、耐酸碱用品、耐油用品、防水用品、防寒用品等。

根据预防职业病的用途，劳动防护用品可分为防尘用品、防毒用品、防噪声用品、防振动用品、防辐射用品、防高温低温用品等。

二、劳动防护用品的配备要求

2000 年，原国家经贸委颁布了《劳动防护用品配备标准（试行）》，规定了国家工种分类目录中的 116 个典型工种的劳动防护用品配备标准。

（1）用人单位应根据工作场所中的职业危害因素及其危害程度，按照法律、法规、标准的规定，为从业人员免费提供符合国家规定的劳动防护用品。不得以货币或其他物品替代应当配备的劳动防护用品。

（2）用人单位应到指定经营单位或生产企业购买特种劳动防护

用品。特种劳动防护用品必须具有“三证”和“一标志”，即生产许可证、产品合格证、安全鉴定证和安全标志。购买的特种劳动防护用品须经本单位安全管理部门验收，并应按照特种劳动防护用品的使用要求，在使用前对其防护功能进行必要的检查。

（3）用人单位应教育从业人员正确使用劳动防护用品，使从业人员做到“三会”：会检查劳动防护用品的可靠性，会正确使用劳动防护用品，会正确维护保养劳动防护用品。用人单位应定期进行监督检查。

（4）用人单位应按照产品说明书的要求，及时更换、报废过期和失效的劳动防护用品。

（5）用人单位应建立健全劳动防护用品的购买、验收、保管、发放、使用、更换、报废等管理制度和使用档案，并进行必要的监督检查。

三、劳动防护用品的正确使用

在工作场所必须按照要求佩戴和使用劳动防护用品。劳动防护用品是根据生产工作的实际需要发给个人的，每个职工在生产工作中都要很好地应用它，以达到预防事故、保障个人安全的目的。使用劳动防护用品要注意的问题有：

（1）所使用的劳动防护用品必须经国家批准的正规厂家生产，产品符合国家标准、行业标准或地方标准。

（2）劳动防护用品使用前应做外观检查，包括检查外观有无缺陷或损坏、各部件组装是否严密、启动是否灵活等。

（3）选择防护用品应针对防护目的，正确选择符合要求的用品，绝不能选错或将就使用，以免发生事故。

（4）对使用防护用品的人员应进行教育和培训，使其能充分了解使用目的和意义，并严格按照使用说明书正确使用。对于结构和使用方法较为复杂的用品，如呼吸防护器，应进行反复训练，使人员能熟练使用。用于紧急救灾的呼吸器，要定期严格检验，并妥善存放在可能发生事故的地点附近，以方便取用。

（5）做好劳动防护用品的维护保养，这样不但能延长其使用期限，更重要的是能保证防护用品的防护效果。耳塞、口罩、面罩等用后应用肥皂、清水洗净，并用药液消毒、晾干。过滤式呼吸防护器的滤料要定期更换，以防失效。防止皮肤污染的工作服用后应集中清洗。

四、建筑施工企业常用的劳动防护用品

1. 安全帽

安全帽是建筑工人保护头部，防止和减轻各种事故伤害，保证生命安全的重要个人防护用品。进入施工现场必须戴好安全帽。施工现场发生的伤亡事故，特别是物体打击和高处坠落事故表明：凡是戴好安全帽，就会减轻和避免事故的后果；如果未戴好安全帽，就会失去它保护头部的防护作用，使人受到严重伤害。

正确使用安全帽，一般应做到下列事项：

（1）戴安全帽前应将帽后调整带按自己头型调整到适合的位置，然后将帽内弹性带系牢。缓冲衬垫的松紧由带子调节，人的头顶和帽体内顶部的空间垂直距离一般在 25～50 mm，以不要小于 32 mm 为好。这样才能保证当遭受到冲击时，帽体有足够的空间可供缓冲，平时也有利于头和帽体间的通风。

（2）不要把安全帽歪戴，也不要把帽檐戴在脑后方。否则，会降低安全帽对于冲击的防护作用。

（3）安全帽的下颌带必须扣在颌下并系牢，松紧要适度。这样不会被大风吹掉，或者是被其他障碍物碰掉，或者由于头的前后摆动，使安全帽脱落。

（4）安全帽体顶部除在帽体内部安装了帽衬外，有的还开了小孔通风。但在使用时不要为了透气而随便再行开孔。因为这样做将会使帽体的强度降低。

（5）由于安全帽在使用过程中会逐渐损坏，所以要定期检查，

检查有没有龟裂、下凹、裂痕和磨损等情况。发现异常现象要立即更换，不得再继续使用。任何受过重击、有裂痕的安全帽，不论有无损坏现象，均应报废。

（6）严禁使用只有下颌带与帽壳连接的安全帽，也就是帽内无缓冲层的安全帽。

（7）施工人员在现场作业中，不得将安全帽脱下，搁置一旁，或当坐垫使用。

（8）由于安全帽大部分是使用高密度低压聚乙烯塑料制成，具有硬化和变蜕的性质，所以不宜长时间地在阳光下暴晒。

（9）新领的安全帽，首先检查是否有劳动部门允许生产的证明及产品合格证，再看是否破损、薄厚不均、缓冲层及调整带和弹性带是否齐全有效。不符合规定要求的立即调换。

（10）在现场室内作业也要戴安全帽，特别是在室内带电作业时，更要认真戴好安全帽，因为安全帽不但可以防碰撞，而且还能起到绝缘作用。

（11）平时使用安全帽时应保持整洁，不能接触火源，不要任意涂刷油漆，不准当凳子坐，防止丢失。如果丢失或损坏，必须立即补发或更换。无安全帽一律不准进入施工现场。

2. 安全带

安全带是高处作业工人预防坠落伤亡事故的个人防护用品，被广大建筑工人誉为救命带。安全带是由带子、绳子和金属配件组成，总称安全带。

建筑施工中的攀登作业、独立悬空作业，如搭设脚手架，吊装混凝土构件、钢构件及设备等，都属于高空作业，操作人员都应系安全带。

安全带应选用符合标准要求的合格产品，在使用时要注意：

（1）思想上必须重视安全带的作用。无数事例证明，安全带是“救命带”。可是有少数人觉得系安全带麻烦，上下行走不方便，特别是一些小活、临时活，认为“有扎安全带的时间活都干完了”。殊不知，事故发生就在一瞬间，所以高处作业必须按规定要求系好安全带。

（2）安全带使用前应检查绳、带有无变质，卡环是否有裂纹，卡簧弹跳性是否良好。

（3）高处作业如安全带无固定挂处，应采用适当强度的钢丝绳或采取其他方法。禁止把安全带挂在移动或带尖锐棱角或不牢固的物件上。

（4）高挂低用。将安全带挂在高处，人在下面工作就叫高挂低用。这是一种比较安全合理的科学系挂方法。它可以使有坠落发生时的实际冲击距离减小。与之相反的是低挂高用，就是安全带拴挂在低处，而人在上面作业。这是一种很不安全的系挂方法，因为当坠落发生时，实际冲击的距离会加大，人和绳都要受到较大的冲击负荷。所以安全带必须高挂低用，杜绝低挂高用。

（5）安全带要拴挂在牢固的构件或物体上，要防止摆动或碰撞，绳子不能打结使用，钩子要挂在连接环上。

（6）安全带绳保护套要保持完好，以防带绳被磨损。若发现保护套损坏或脱落，必须加上新套后再使用。

（7）安全带严禁擅自接长使用。如果使用 3 m 及以上的长绳时必须要加缓冲器，各部件不得任意拆除。

（8）安全带在使用前要检查各部位是否完好无损。安全带在使用后，要注意维护和保管。要经常检查安全带缝制部分和挂钩部分，必须详细检查捻线是否发生裂断和残损等。

（9）安全带不使用时要妥善保管，不可接触高温、明火、强酸、强碱或尖锐物体，不要存放在潮湿的仓库中保管。

（10）安全带在使用两年后应抽验一次，频繁使用应经常进行外观检查，发现异常必须立即更换。定期或抽样试验用过的安全带，不得再继续使用。

3. 防护服

建筑施工现场上的作业人员应穿着工作服。焊工的工作服 般为白色，其他工种的工作服没有颜色的限制。防护服有以下几类：

（1）全身防护型工作服；

（2）防毒工作服；

（3）耐酸工作服；

（4）耐火工作服；

（5）隔热工作服；

（6）通气冷却工作服；

（7）通水冷却工作服；

（8）防射线工作服；

（9）劳动防护雨衣；

（10）普通工作服。

建筑施工现场上对作业人员防护服的穿着要求是：

（1）作业人员作业时必须穿着工作服；

（2）操作转动机械时，袖口必须扎紧；

（3）从事特殊作业的人员必须穿着特殊作业防护服；

（4）焊工工作服应是白色帆布制作的。

4. 防护眼镜

物质的颗粒和碎屑、火花和热流、耀眼的光线和烟雾都会对眼睛造成伤害。这样，在施工时就必须根据防护对象的不同选择和使用防护眼镜。

（1）防打击的护目眼镜有三种：

1）硬质玻璃片护目镜；

2）胶质黏合玻璃护目镜（受冲击、击打破碎时呈龟裂状，不飞溅）；

3）钢丝网护目镜。它们能防止金属碎片或屑、砂尘、石屑、混凝土屑等飞溅物对眼部的打击。金属切削作业、混凝土凿毛作业、手提砂轮机作业等适合于佩戴这种平光护目镜。

（2）防紫外线和强光用的防紫外线护目镜和防辐射面罩。焊接工作使用的防辐射面罩应由不导电材料制作，观察窗、滤光片、保护片尺寸吻合，无缝隙。护目镜的颜色是混合色，以蓝、绿、灰色的为好。

（3）防有害液体的护目镜主要用于防止酸、碱等液体及其他危险注入体与化学药品所引起对眼的伤害。一般镜片用普通玻璃制作，镜架用非金属耐腐蚀材料制成。

（4）在镜片的玻璃中加入一定量的金属铅而制成的铅制玻璃片的护日镜，主要是为了防止X射线对眼部的伤害。

（5）防灰尘、烟雾及各种有轻微毒性或刺激性较弱的有毒气体的防护镜必须密封、遮边无通风孔，与面部接触严密，镜架要耐酸、耐碱。

5. 防护鞋

防护鞋的种类比较多，如皮安全鞋、防静电胶底鞋、胶面防砸安全鞋、绝缘皮鞋、低压绝缘胶鞋、耐酸碱皮鞋、耐酸碱胶靴、耐酸碱塑料模压靴、高温防护鞋、防刺穿鞋、焊接防护鞋等。应根据作业场所和内容的不同选择使用。

建筑施工现场上常用的有绝缘靴（鞋）、焊接防护鞋、耐酸碱橡胶靴及皮安全鞋等。对绝缘鞋的要求有：

（1）必须在规定的电压范围内使用；

（2）绝缘鞋（靴）胶料部分无破损，且每半年做一次预防性试验；

（3）在浸水、油、酸、碱等条件下不得作为辅助安全用具使用。

6. 防护手套

人在施工现场的一切作业，大部分都是由双手操作完成的，这就决定了手经常处在危险之中。

对手的安全防护主要靠手套。使用防护手套时，必须对工件、设备及作业情况分析之后，选择适当材料制作的、操作方便的手套，方能起到保护作用。但是对于需要精细调节的作业，戴防护手套就不便于操作，尤其对于使用钻床、铣床和传送机旁及具有夹挤危险的部位操作人员，若使用手套，则有被机械缠住或夹住的危险。所以从事这些作业的人员，严格禁止使用防护手套。

建筑施工现场上常用的防护手套有下列几种：

（1）劳动保护手套。具有保护手和手臂的功能，作业人员工作时一般都使用这类手套。

(2) 带电作业用绝缘手套。要根据电压选择适当的手套，检查表面有无裂痕、发黏、发脆等缺陷，如有异常禁止使用。

(3) 耐酸、耐碱手套。主要用于接触酸和碱时戴的手套。

(4) 橡胶耐油手套。主要用于接触矿物油、植物油及脂肪簇的各种溶剂作业时戴的手套。

(5) 焊工手套。电、火焊工作业时戴的防护手套，应检查皮革或帆布表面有无僵硬、薄档、洞眼等残缺现象，如有缺陷，不得使用。手套要有足够的长度，手腕部不能裸露在外边。

五、不按规定佩戴劳动防护用品事故案例分析

1. 事故情况

某地一机械公司旧彩钢棚实施拆除，施工工人白某和王某分别站在高约 7 m 的彩钢棚两侧进行拆除。16 时许，站在左侧拆除的王某听见彩钢棚破裂声和“啊”的一声惨叫，一回头已不见白某。他迅速从钢棚上下来查看，发现白某躺在地上，后脑勺不断有血溢出，毫无反应。

王某着急地大声呼救：“救命啊，有人摔伤了!”周边陆续有路人闻声过来帮忙，众人一起将白某送往医院救治。最终白某因伤势过重死亡。

2. 事故原因分析

该彩钢棚建于 2005 年，经数年的风吹雨打，横梁已腐朽，无法支撑一个人的体重；此外，工人白某未取得相应的特种作业资格，违规上岗作业，施工时没系安全带、戴安全帽。

施工调查组分析，该公司缺乏必要的安全生产条件，施工现场缺乏检查和监督，没有提供必要的劳动防护用品；还将彩钢棚翻新业务发包给没有相应拆除资质的个人。

第四节　建筑施工企业事故隐患排查治理

一、事故隐患的定义与分类

1. 隐患的定义

《安全生产事故隐患排查治理暂行规定》（安监总局第 16 号令）指出，安全生产事故隐患是指生产经营单位违反安全生产法律、法规、规章、标准、规程和安全生产管理制度的规定，或者因其他因素在生产经营活动中存在的可能导致事故发生的物的危险状态、人的不安全行为和管理上的缺陷。

2. 隐患的分类

事故隐患分为一般事故隐患和重大事故隐患。一般事故隐患，是指危害和整改难度较小，发现后能够立即整改排除的隐患。重大事故隐患，是指危害和整改难度较大，应当全部或者局部停产停业，并经过一定时间整改治理方能排除的隐患，或者因外部因素影响致使生产经营单位自身难以排除的隐患。

综合事故性质分类和行业分类，考虑事故起因，可将事故隐患归纳为 21 类，即火灾、爆炸、中毒和窒息、水害、坍塌、滑坡、泄漏、腐蚀、触电、坠落、机械伤害、煤与瓦斯突出、公路设施伤害、公路车辆伤害、铁路设施伤害、铁路车辆伤害、水上运输伤害、港口码头伤害、空中运输伤害、航空港伤害、其他类隐患等。

二、建筑施工企业事故隐患排查的内容

（1）建筑施工安全法规、标准、规范和规章制度的贯彻执行。

（2）建设工程各方主体特别是建设单位、施工单位和工程监理单位的安全生产责任制的建立和落实。

(3) 安全生产费用的提取和使用。

(4) 危险性较大工程安全专项方案的制定、论证和执行落实。

(5) 安全教育培训，特别是“三类人员”(建筑施工企业主要负责人、项目负责人和专职安全生产管理人员)、特种作业人员和生产一线职工(包括农民工)的教育培训。

(6) 应急救援预案的制定、演练及有关物资、设备配备和维护。

(7) 建筑施工企业、项目和班组的安全检查和整改落实。

(8) 事故报告和处理，对有关责任单位和责任人的追究和处理等。

三、建筑施工企业常见事故隐患

1. 施工设施的安装、防护不符合规定

(1) 脚手架搭设存在问题

1) 脚手架是建筑工地中的主要施工工具，如果脚手架搭设不及时或不按照标准规范搭设，很容易导致施工中的伤亡事故。底座安装应按照国家颁布的行业标准《建筑施工扣件式钢管脚手架安全技术规范》(JGJ 130—2011) 中要求的木垫板长度不少于 2 垮，厚度不少于 50 cm。如果脚手架低层立杆下端仅用一块小木板或端木板垫起，随着荷载的不断增加，脚手架很容易因架体受力不均而沉降，引起变形，很可能造成脚手架坍塌，产生灾难性后果。

2) 立杆接头、剪刀撑斜杆搭接不按规定搭设。《建筑施工扣件式钢管脚手架安全技术规范》(JGJ 130—2011) 规定，同步内隔一根立杆的接头在高度方向上错开不小于 500 mm。建筑物高度在 24 m 以上的，脚手架应在外侧面整个高度上连续设置剪刀撑，剪刀撑斜杆搭接长度必须大于 1 m。有些施工现场立杆的接头仅错开 200～300 mm，造成架体强度不够。剪刀撑跨度不够、不连续，剪刀撑斜杆搭接长度仅有 400～500 mm，起不到稳定架体的作用。

(2) 机械设备的安装管理不规范

1) 物料提升机是建筑施工现场经常用的一种输送物料的垂直

运输设备，因其使用方便、投资少、见效快，特别是新型的拆装简单的钢管扣件式固定方法安装的物料提升机，在施工现场被广泛使用。但在使用过程中往往有些单位连墙杆里外不加短管或固定不牢，施工中随意拆除连墙件等，严重违反《龙门架与井架物料提机安全技术规范》；安全装置不齐全，有的工地安全停靠装置与断绳保护装置常常闲置不用；楼层防护门、吊篮防护门、进料口防护门等不齐全，没有执行《建筑施工安全检查标准》（JGJ 59—2011）中有关安全防护必须定型化、具体化的要求，埋下了大量的安全事故隐患。

2）塔式起重机在建筑施工中发挥举足轻重的作用，施工中应用越来越广泛。由于塔机在安装使用中常出现一些被人忽略的问题，导致机械事故和安全事故时有发生。施工中有的塔机安装完毕没有验收就投入使用，有的安全保险装置不灵敏或不符合安装标准；有的施工现场安装多台塔机时没有满足安全距离要求，没有采取有效的防碰措施等，给施工现场留下了重大的安全隐患。

3）施工现场临时用电按国家颁布的行业标准《施工现场临时用电安全技术规范》（JGJ 46—2005）要求，施工现场用电工程达到三级配电，开关箱“一机、一闸、一漏、一箱”。每台用电设备必须有专用的开关箱，严禁用同一个开关箱直接控制 2 台及 2 台以上用电设备（含插座）。有的施工现场没有做到三级配电，只是采用二级配电并不按规定铺设电缆电线，而且一闸多用，电缆电线乱拉、乱扯、拖地的现象较多，从而存在较多的安全事故隐患。

2. 施工过程中常见的安全隐患

（1）违章操作、野蛮施工、防护设施不齐全导致安全事故

1）违反操作规程使安全事故不断发生。如有的工人在开搅拌机时，不停机就伸头去看筒内搅拌情况，碰上料斗开关，料斗上升击伤头部；有的高空作业使用工具不系挂绳，工具坠落，打伤地面施工人员。

2）野蛮施工，冒险作业造成事故隐患。如有的工人在高空把拆架杆往地上扔；有的在高空作业不系安全带、不戴安全帽，无任

何防护措施等。这些都很容易造成人员伤亡事故。

3）安全防护设施不齐全或无防护设施。如有的工地临边不搭设防护栏杆，不设立网，也不支平网防护；有的外挂架无网兜，里边无栏杆、空隙大；有的屋面烟道口无盖板，电梯井口无防护门，通风口不设防护盖等。这些都很容易造成人员坠落。

（2）建筑机械在施工中常见的事故隐患

1）高空坠落伤亡。包括坠落物砸伤（亡）和人员坠地摔伤（亡）。这类事故损失较大，后果也较严重。如起重设备断钢丝绳，塔机、脚手架倒塌等。

2）施工机械创伤。包括各种施工机械运动、旋转部件构成对人体的伤害。如机器传动带伤人、开式齿轮伤人、钢筋切断机刀片伤人等。

3）触电事故。主要包括机器触电、漏电和直接触电。

4）热（电弧）灼伤。主要有直接热烫（烧）伤和电弧灼伤。如人的身体触及热体烫伤或电弧光灼伤等。

建筑安全生产事故隐患排查表见表5—11至表5—19。

表5—11　落地及悬挑脚手架隐患排查表

排查单元	排查内容	排查要求
落地及悬挑脚手架	施工方案	脚手架有专项施工方案
		脚手架高度超高或特殊脚手架要按规范进行计算
		符合编制、审核、批准程序
		经现场总监理签字批准
	立杆基础	立杆基础平整、坚实，强度符合规范要求
		立杆设置底座
		按规定设置扫地杆
		有排水措施
	悬挑梁设置	悬挑梁与建筑物固定可靠，符合规范要求
		悬挑梁上斜拉钢丝绳与建筑物及悬挑梁固定可靠
		悬挑梁规格、尺寸符合方案要求

续表

排查单元	排查内容	排查要求
落地及悬挑脚手架	连墙件	高度大于 24 m 的脚手架必须采用刚性连墙件
		连墙件布置数量符合规范要求
		连墙件拉结坚固
	杆件间距	立杆、大横杆、小横杆等杆件的间距符合规范要求
		建筑物单元门及其他门洞口位置采取加固措施
	剪刀撑	剪刀撑与地面夹角在 45°～60°，跨越立杆 5～7 根
		斜杆接长，搭接长度大于 1 m，设置 3 个旋转扣件
		剪刀撑设置落地到顶
	脚手板	作业层上按脚手架的宽度铺满脚手板
		脚手板的一端探头长度不超过 150 mm，并且板两端应与支撑杆固定牢固
		装修脚手架作业层上纵向脚手板的铺设不得少于 2 块
		当长度小于 2 m 的脚手板铺设时，可采用两根横向水平杆支撑，但必须将脚手板两端用镀锌钢丝与支撑杆可靠捆牢
		竹笆板无腐朽
	防护栏杆	施工层设 1.2 m 高的防护栏杆，并设 18 cm 高的挡脚板
		脚手架外侧设密目式安全网
	小横杆	小横杆设置数量、位置符合要求
	杆件搭接	钢管脚手架立杆和大横杆的接长应采用对接地方法
		立杆接长应交错排列，不得在同一平面内
	架体内封闭	脚手架与建筑物空隙采取相应的防护措施
	脚手架材质	有能证明脚手架材质合格的材料
	通道	脚手架上设有通道
		通道的宽度和坡度符合要求
		通道上设防滑条
		设置防护栏杆和挡脚板

续表

排查单元	排查内容	排查要求
落地及悬挑脚手架	卸料平台	卸料平台设计计算方案，并履行审核批准及验收程序
		支撑系统与建筑物可靠连接，钢丝绳固定可靠
		有限定荷载的标牌
	交底与验收	脚手架搭设前进行安全技术交底
		搭设过程和完毕进行分段验收
		扣件拧紧力矩不小于 40 N·m
		有交底和验收记录

表 5—12　　塔式起重机隐患排查表

排查单元	排查内容	排查要求
塔式起重机	安装方案	有塔机安装专项施工方案
		履行编制、审核、批准程序，经总监理工程师签字认可
	安装技术交底	在安装前进行安全技术交底，并有相关记录
	安装验收记录	履行安装验收程序，并有相关记录
	机械检测	经过机械检测合格，并取得检测合格证书和检测合格报告
	使用登记	办理起重机械登记手续，并取得登记证书
	持证上岗	塔机操作人员和指挥人员持证上岗，有相应特种证且未过期
	电气安全	塔机与架空线满足安全距离的要求
		塔机电箱及配电装置符合要求
	附墙装置	附墙装置安装高度不超过说明书要求范围
		有垂直度测试记录
	多塔作业	多塔作业有防碰撞措施
	基础	塔机基础无积水

表 5—13　　整体提升脚手架隐患排查表

排查单元	排查内容	排查要求
整体提升脚手架	使用条件	脚手架有专项施工方案
		脚手架进行计算
		符合编制、审核、批准程序
		经现场总监理签字批准
		由专业队伍和人员安排组装、升降和拆卸
		经建设部组织鉴定合格
	架体构造	有定型的主框架
		相邻两主框架之间有定型的支撑框架
		架体上部悬臂部分高度不大于架体高度的 1/3，且不超过 4.5 m
	附着支撑	主框架与楼层设置连接点
		钢挑架与墙体连接牢固
	安全装置	有同步升降装置
		有防坠落装置
		有防倾斜装置
	脚手板	竹笆板或脚手板无腐朽
		作业层上按脚手架的宽度满铺脚手板或竹笆
		离墙间隙封闭严密
		脚手架底层严密封闭
	防护	脚手架外侧使用密目式安全网进行封闭
		施工层设 1.2 m 高的防护栏杆，并设 18 cm 高的挡脚板
	验收	每次升降前有检查合格的记录
		扣件拧紧力矩不小于 40 N・m
		每次升降后有验收合格的记录
	检测、登记	经检测合格，并取得检测合格证书
		办理起重机械设备登记手续

表 5—14 施工电梯隐患排查表

排查单元	排查内容	排查要求
施工电梯	安装方案	有施工电梯安装专项施工方案
		履行编制、审核、批准程序，经总监理工程师签字认可
	安装技术交底	在安装前进行安全技术交底，并有相关记录
	安装验收记录	履行安装验收程序，并有相关记录
	机械检测	经过机械检测合格，并取得检测合格证书和检测合格报告
	使用登记	办理起重机械登记手续，并取得登记证书
	持证上岗	施工电梯操作人员持证上岗，有相应特种证且未过期
	电气安全	电箱及配电装置符合要求
	基础	基础无积水
		特殊情况基础应有相关方案
	限速器	每年标定一次，并有检查标定日期和结果的报告
	附墙连接	附墙连接满足说明书要求
		施工电梯有垂直度测试记录
	楼层卸料平台防护	卸料平台有符合要求的防护栏杆
		楼层有安全防护门
		地面进料口有防护棚

表 5—15 物料提升机隐患排查表

排查单元	排查内容	排查要求
物料提升机	施工方案	有物料提升机安装专项施工方案
		履行编制、审核、批准程序，经总监理工程师签字认可
	限位保险装置	吊篮有停靠装置，有断绳保险装置
		有超高限位装置
		高架提升机有下极限限位和缓冲装置或重量限制器
	安装验收	履行安装验收程序，并有相关记录

续表

排查单元	排查内容	排查要求
物料提升机	机械检测	经过机械检测合格，并取得检测合格证书和检测合格报告
	使用登记	办理起重机械登记手续，并取得登记证书
	附墙连接	附墙连接满足说明书要求
		禁止与脚手架相连
	楼层卸料平台防护	卸料平台有符合要求的防护栏与防护笆
		楼层有安全防护门
		地面进料口有防护棚
	传动系统	卷扬机固定牢固
		卷筒上有防钢丝绳滑脱的保险装置
		滑轮与钢丝绳匹配
	吊篮	吊篮完好，有安全门
		高架提升使用吊篮
		吊篮使用双绳提升
	钢丝绳	钢丝绳完好
		绳卡符合要求
		钢丝绳有过路保护
	联络信号	有准确传递的联络信号

表 5—16　　基坑支护隐患排查表

排查单元	排查内容	排查要求
基坑支护	施工方案	有基坑支护专项施工方案
		履行编制、审核、批准程序，经总监理工程师签字认可
		坑深度超过 5 m，进行专家论证
	临边防护	基坑深度超过 2 m，有防护措施
	排水措施	基坑有有效的排水措施
	上下通道	人员上下搭设有专用通道

续表

排查单元	排查内容	排查要求
基坑支护	土方开挖	土方开挖机械进场有验收合格手续
		挖掘机械与作业人员保持安全距离
		挖掘机械操作人员持证上岗
	坑边荷载	积土、料具堆放满足安全距离的要求
		施工机械和载重车辆与基坑满足安全距离的要求
	作业环境	基坑内作业人员有安全可靠立足点
		垂直交叉作业有安全防护措施
		有安全足够的照明设施

表 5—17　模板工程隐患排查表

排查单元	排查内容	排查要求
模板工程	施工方案	有模板工程专项施工方案
		履行编制、审核、批准程序，经总监理工程师签字认可
		高大和特殊模板工程，进行专家论证
	立柱稳定	支模材料有相关质量合格证明和现场验收手续
		立柱间距符合设计要求
		立柱底部垫板符合要求
		按要求设置剪刀撑和水平支撑
	施工载荷	模板上堆料均匀
		施工载荷不超过设计要求
	模板验收	搭设和拆除模板前进行安全技术交底
		搭设完毕进行验收，并有书面验收记录
		模板拆除前履行拆模的审批手续
	支拆模板	2 m 以上高处作业支、拆模板有相应防护措施
		拆除模板时设置警戒区域和监护人
		无悬空模板

续表

排查单元	排查内容	排查要求
模板工程	模板存放	模板存放高度及与墙面距离满足要求
		大模板有防倾倒的措施
	作业环境	作业面及孔洞有临边防护措施
		垂直交叉作业有防护隔离措施

表 5—18　　施工机具隐患排查表

排查单元	排查内容	排查要求
施工机具	圆盘锯	有安装验收合格手续
		有安全防护装置
		有保护接零和漏电保护器
	平刨	有验收合格手续
		有保护接零和漏电保护
		传动部位有防护装置
	钢筋机械	有验收合格手续
		有保护接零和漏电保护
		传动部位有防护装置
	电焊机	有验收合格手续
		焊把线绝缘良好
		一、二次侧有防护措施
		有保护接零和漏电保护器及防护罩
	手持电动工具	电源线无接长现象
		Ⅰ类手持电动工具有接零保护
		转动部件防护装置齐全
	搅拌机	搅拌机固定可靠
		有安装验收手续
		钢丝绳满足要求
		保险挂钩完好

续表

排查单元	排查内容	排查要求
施工机具	搅拌机	有保护接零和漏电保护
		转动部件和传动部位防护装置齐全
	气瓶	气瓶使用符合安全距离要求
		气瓶存放符合要求
		有防振圈、防护帽
	潜水泵	有保护接零和漏电保护器
		电缆线无破损、老化现象

表 5—19　“三宝”和“四口”隐患排查表

排查单元	排查内容	排查要求
三宝（安全帽、安全网、安全带）和四口（楼梯口、电梯井口、预留洞口、通道口）	安全帽	安全帽符合国家有关标准规定要求
		现场人员按规定佩戴安全帽
	安全网	安全网的规格、材质符合国家标准有关规定的要求
		在建工程项目外侧用密目式安全网进行封闭
	安全带	安全带符合国家标准有关规定的要求
		高处作业人员佩戴安全带作业
	楼梯口、电梯井口	防护措施形成定型化、工具化
		电梯井内每隔两层（不大于 10 m）设置一道水平防护
		电梯井口设置安全防护门
	预留洞口坑井防护	对洞口（水平孔洞短边尺寸大于 25 cm，竖向孔洞高度大于 75 cm）应采取防护措施
		防护措施形成定型化、工具化
		防护措施严密、坚固、稳定，并标有警示标志
	通道口防护	通道口应搭设防护棚
		用竹笆作防护棚材料时应采用双层防护棚
	阳台、楼板、屋面等防护	阳台、楼板、屋面无防护设施或设施高度低于 80 cm 时应设防护栏杆，防护栏杆上杆高度为 1.0～1.2 m，下杆高度为 0.5～0.6 m，横杆长度大于 2 m 时应设栏杆柱

四、建筑施工企业常见事故隐患防范措施

任何一起事故的发生都有其必然性和偶然性，究其原因主要是“人的不安全行为和物的不安全状态”两个方面造成的。所以施工现场应从以下几方面抓起。

（1）提高安全管理意识。思想重视是搞好安全生产的前提，安全管理注重人的因素，强调对人的正确管理，这就要求各级领导必须树立“以人为本”的安全管理理念，建立健全完善的安全生产保证体系，健全各级安全规章制度，用制度来制约、用标准来衡量人的行为，并严格进行考核。

（2）建立健全以第一责任人为核心的安全生产责任制，并将责任制逐级分解，落实到班组和个人，形成一级抓一级、层层抓落实的良好局面。

（3）扎实做好安全教育工作，提高全员职工队伍素质，特别要加大施工作业人员的培训力度，做好岗前、上岗培训，通过多层次、多形式的宣传教育，树立安全意识、质量意识、文明意识，有计划地组织系统地学习科技常识、安全生产知识，使安全教育培训全面、全员、全过程地覆盖施工现场的所有人员，贯穿于从施工准备到工程竣工的每个阶段和每个过程；使职工在全员参与中获得和加深安全知识，提高安全意识和警惕性。

（4）建设单位和监理单位要从施工组织设计开始到工程竣工的每个阶段，严格按照标准和规范的要求对工程情况进行检查验收，随时发现问题随时整改，将安全事故消灭在萌芽中。

（5）进入施工现场的设备必须经过施工企业的严格验收，按规范说明进行安装，安装完毕经有关单位验收合格后方可使用。设备在使用过程中，定期检查做好维护保养、及时修复存在的隐患部位，对已达到报废条件的设备必须报废。

（6）加大安全督查力度，严格施工过程管理。各级监管部门认真督促施工企业在施工过程中严格执行有关标准、规范，对检查中

发现的安全隐患根据其严重程度给予整改、停工等不同的通知，并跟踪其整改情况，建设单位和监理单位必须以书面形式将整改情况上报安全监管监察机构。

五、事故隐患治理

1. 事故隐患治理要求

《安全生产事故隐患排查治理暂行规定》第四条明确规定："生产经营单位应当建立健全事故隐患排查治理制度。生产经营单位主要负责人对本单位事故隐患排查治理工作全面负责。"隐患排查治理的要求主要有：

（1）企业应当建立健全事故隐患排查治理和建档监控等制度，逐级建立并落实从主要负责人到每个从业人员的隐患排查治理和监控责任制。

（2）企业应当保证事故隐患排查治理所需的资金，建立资金使用专项制度。

（3）对排查出的事故隐患，应当按照事故隐患的等级进行登记，建立事故隐患信息档案，并按照职责分工实施监控治理。

（4）企业应当每季、每年对本单位事故隐患排查治理情况进行统计分析，并分别于下一季度首月 15 日前和下一年度 1 月 31 日前向安全监管监察部门和有关部门报送书面统计分析表。统计分析表应当由生产经营单位主要负责人签字。对于重大事故隐患，企业还应当及时向安全监管监察部门和有关部门报告。

（5）生产经营单位应当建立事故隐患报告和举报奖励制度，鼓励、发动职工发现和排除事故隐患，鼓励社会公众举报。对发现、排除和举报事故隐患的有功人员，应当给予物质奖励和表彰。

（6）对于一般事故隐患，由生产经营单位（车间、分厂、区队等）负责人或者有关人员立即组织整改。对于重大事故隐患，由生产经营单位主要负责人组织制定并实施事故隐患治理方案。

2. 建筑施工企业事故隐患治理的程序

（1）当发现工程施工事故隐患时，应先判断其严重程度，并要求施工单位进行整改，施工单位提出的整改方案，必要时应经设计单位认可。事故隐患处理结果应进行检查、验收。

（2）当发现严重事故隐患时，应指令施工单位暂时停止施工，必要时应要求施工单位采取安全防护措施，并报建设单位。同时要求施工单位提出整改方案，必要时应经设计单位认可，整改方案经评审后，施工单位可进行整改处理，处理结果应重新进行检查、验收。

（3）施工单位发现事故隐患后，应立即进行事故隐患调查，分析原因，制定纠正和预防措施，制定事故隐患整改处理方案。

（4）分析事故隐患整改处理方案。对事故隐患整改处理方案进行认真深入的分析，特别是事故隐患原因分析，找出事故隐患的真正起源点。必要时，可组织设计单位、施工单位、供应单位和建设单位各方共同参加分析。

（5）在原因分析的基础上，审核确认事故隐患整改处理方案。

（6）施工单位按审定的整改处理方案实施处理并进行跟踪检查。

（7）事故隐患整改处理完毕，施工单位应组织人员检查验收，自检合格后报请有关部门组织有关人员对整改处理结果进行严格的检查、验收。施工单位写出事故隐患处理报告。

六、案例分析

1. 事故发生经过

某建筑公司承建的某面粉厂工地，厂房内有一预留洞口，原有盖板，整修地面时被拆掉，未及时恢复。水泥工冷某在拉载货推车时，倒着走，边走边与推车的另 名工人聊天，经过预留洞口，不小心掉下去了，经抢救无效死亡。

2. 事故原因分析

直接原因：现场工人违反劳动纪律，拆掉盖板不复原，留下安全隐患。

间接原因：施工现场管理不严，监督检查不力，安全防护措施有漏洞；培训教育不到位，作业人员安全素质不高，自我保护意识差。

主要原因：工人违章拆除防护设施使预留洞口无防护。

3. 事故的结论与教训

（1）违章拆除防护设施使预留洞口无防护的工人，应负直接和主要责任；

（2）现场安全管理人员监督检查不严，使得安全防护措施有漏洞，应负管理责任；

（3）按照《安全生产法》第五条“生产经营单位的主要负责人对本单位的安全生产工作全面负责”的规定和第十七条“生产经营单位主要负责人对本单位安全生产工作负有的职责”的规定，承建面粉厂施工任务的该建筑公司的主要负责人，应对此次事故的发生负有管理失误的责任。

4. 事故的预防对策

（1）先教育培训再上岗。本起事故最严重的教训，是对违章拆除预留洞口的防护设施的危害后果无知。同时，现场作业人员自我保护的安全意识较差。如果现场作业人员预先就施工安全隐患及自我保护知识得到有效的教育和培训，本次事故是完全可以避免的。

（2）严肃岗位职责和领导责任。本起事故的发生与施工现场安全检查人员渎职有关，而企业负责人也应该负有领导责任。对于此类似事故，并非第一次发生，现场工人的无知，作业人员安全思想麻痹，清楚地表明了现场安全检查人员没有认真履行自己的岗位职能及企业领导责任失职的严重性。此次事故的发生不是复杂的技术问题所造成，只要加强施工安全管理，注意安全隐患，提早解决，就可避免类似事故的再发生。

第六章

建筑施工企业安全制度文化建设

第一节　建筑施工企业安全规章制度

一、安全规章制度的定义

生产经营单位安全规章制度是指生产经营单位根据国家有关法律法规、国家和行业标准，结合生产、经营的安全生产实际，以生产经营单位名义起草颁布的有关安全生产的规范性文件，一般包括规程、标准、规定、措施、办法、制度、指导意见等。

二、安全规章制度建设的目的和意义

安全规章制度是生产经营单位贯彻国家有关安全生产法律法规、国家和行业标准，贯彻国家安全生产方针政策的行动指南，是生产经营单位有效防范生产、经营过程安全生产风险，保障从业人员安全和健康，加强安全生产管理的重要措施。

（1）建立、健全安全规章制度是生产经营单位的法定责任。

（2）建立、健全安全规章制度是生产经营单位安全生产的重要保障。

（3）建立、健全安全规章制度是生产经营单位保护从业人员安全与健康的重要手段。

三、安全规章制度的建立

目前我国还没有明确的安全规章制度体系建设标准。在长期的安全生产实践过程中，生产经营单位按照自身的习惯和传统，形成了各具特色的安全规章制度体系。按照安全系统工程原理建立的安全规章制度体系，一般由综合安全管理、人员安全管理、设备设施安全管理、环境安全管理四类组成；按照标准化体系建立的安全规章制度体系，一般把安全规章制度分为安全技术标准、安全管理标准和安全工作标准；按照职业安全健康管理体系建立的安全规章制度体系，一般分为手册、程序文件、作业指导书三大类。

按照《安全生产法》的基本要求，生产经营单位应建立如下基本安全规章制度，并应根据相关法律法规等进行补充和完善。

1. 综合安全管理制度

(1) 安全生产管理目标、指标和总体原则

应包括生产经营单位安全生产的具体目标、指标，明确安全生产的管理原则、责任，明确安全生产管理的体制、机制、组织机构，安全生产风险防范、控制的主要措施，日常安全生产监督管理的重点工作等内容。

(2) 安全生产责任制度

应包括生产经营单位各级领导、各职能部门、管理人员及各生产岗位的安全生产责任权利和义务等内容。

(3) 安全管理定期例行工作制度

应包括生产经营单位定期安全分析会议、定期安全学习制度、定期安全活动、定期安全检查等内容。

(4) 承包与发包工程安全管理制度

应包括生产经营单位承包与发包工程的条件、相关资质审查、各方的安全责任、安全生产管理协议、施工安全的组织措施和技术措施、现场的安全检查与协调等内容。

(5) 安全措施和费用管理制度

应包括生产经营单位安全措施的日常维护、管理，明确安全生产费用保障，根据国家、行业新的安全生产管理要求或季节特点以及生产、经营情况等发生变化后生产经营单位临时采取的安全措施及费用来源等。

（6）重大危险源管理制度

应包括重大危险源登记建档，进行定期检测、评估、监控，相应的应急预案管理，上报有关地方人民政府负责安全生产监督管理的部门和有关部门备案内容及管理。

（7）危险物品使用管理制度

应包括生产经营单位存在的危险物品名称、种类、危险性，使用和管理的程序、手续，安全操作注意事项，存放的条件及日常监督检查，针对各类危险物品的性质在相应的区域设置人员紧急救护、处置的设施等。

（8）隐患排查和治理制度

应包括应排查的设备、设施、场所的名称，排查周期、人员、排查标准，发现问题的处置程序、跟踪管理等内容。

（9）事故调查报告处理制度

应包括生产经营单位内部事故标准、报告程序、现场应急处置、现场保护、资料收集、相关当事人调查、技术分析、调查报告编制等；还应包括向上级主管部门报告事故的流程、内容等。

（10）消防安全管理制度

应包括生产经营单位消防安全管理的原则、组织机构、日常管理、现场应急处置原则、程序，消防设施、器材的配置、维护保养、定期试验，定期防火检查、防火演练等内容。

（11）应急管理制度

应包括生产经营单位的应急管理部门，应急预案的制定、发布、演练、修订和培训等，明确总体预案、专项预案、现场预案等内容。

（12）安全奖惩制度

应包括生产经营单位安全奖惩的原则，奖励或处分的种类、额度等内容。

2. 人员安全管理制度

（1）安全教育培训制度

应包括生产经营单位各级领导人员安全管理知识培训，新员工三级教育培训、转岗培训，新材料新工艺新设备使用培训，特种作业人员培训，岗位安全操作规程培训，应急培训等内容。还应明确各项培训的对象、内容、时间及考核标准等。

（2）劳动防护用品发放使用和管理制度

应包括生产经营单位劳动防护用品的种类、适用范围、领取程序、使用前检查标准，劳动防护用品寿命周期等内容。

（3）安全工器具的使用管理制度

应包括生产经营单位安全工器具的种类、使用前检查标准、定期检验、安全工器具的寿命周期等内容。

（4）特种作业及特殊作业管理制度

应包括生产经营单位特种作业的岗位、人员，作业的一般安全措施要求等。特殊作业是指危险性较大的作业，应包括作业的组织程序，保障安全的组织措施、技术措施的制定及执行等内容。

（5）岗位安全规范

应包括生产经营单位除特种作业岗位外，其他作业岗位保障人身安全、健康，预防火灾、爆炸等事故的一般安全要求。

（6）职业健康检查制度

应包括生产经营单位职业禁忌的岗位名称、职业禁忌证，定期健康检查的内容、标准等，女工保护，以及按照《职业病防治法》要求的相关内容等。

（7）现场作业安全管理制度

应包括现场作业的组织管理制度，如工作联系单、工作票、操作票制度，以及作业的风险分析与控制制度等内容。

3. 设备设施安全管理制度

（1）“三同时”制度

应包括生产经营单位新建、改建、扩建工程“三同时”的组织、执行程序，上报、备案的执行程序等。

（2）定期巡视检查制度

应包括生产经营单位所有设备、设施的种类、名称、数量，以及日常检查的责任人员，检查的周期、标准、线路，发现问题的处置等内容。

（3）定期维护检修制度

应包括生产经营单位所有设备、设施的维护周期、维护范围、维护标准等内容。

（4）定期检测、检验制度

应包括生产经营单位必须进行定期检测的设备种类、名称、数量，有权进行检测的部门或人员，检测的标准及检测结果管理，安全使用证或者安全标志的取得和管理等内容。

（5）安全操作规程

应包括生产经营单位涉及的电气、起重设备、锅炉压力容器、内部机动车辆、建筑施工维护、机加工等对人身安全健康、生产工艺流程及周围环境有较大影响的设备、装置的安全操作规程。

4. 环境安全管理制度

（1）安全标志管理制度

应包括生产经营单位现场安全标志的种类、名称、数量，安全标志的定期检查、维护等内容。

（2）作业环境管理制度

应包括生产经营单位生产经营场所的通道、照明、通风等管理标准，以及人员紧急疏散方向、标志的管理等内容。

（3）工业卫生管理制度

应包括生产经营单位尘、毒、噪声、辐射等涉及职业健康因素的种类、场所，定期检验及控制等管理内容。

四、常用建筑施工规章制度

我国建设工程常用安全生产规章制度见表 6—1。

表 6—1　　我国建设工程常用安全生产规章制度

名称	名称
《安全生产资格审核与管理制度》	《重大危险源监控与管理制度》
《安全管理策划管理制度》	《施工用电安全管理程序》
《安全教育培训制度》	《项目部文明施工管理制度》
《安全生产费用管理规定》	《安全生产检查制度》
《特种作业人员劳动安全管理办法》	《重大安全生产事故、事件、隐患约谈管理制度》
《重要劳动防护用品管理办法》	《安全生产事故报告和处理规定》
《安全巡查员管理制度》	《分包安全管理规定》
《安全文明施工管理规定》	

五、案例分析

1. 事故简介

2007 年 5 月 30 日，安徽省合肥市某市政道路排水工程在施工过程中，发生一起边坡坍塌事故，造成 4 人死亡、2 人重伤，直接经济损失约 160 万元。

该排水工程造价约 400 万元，沟槽深度约 7 m，上部宽 7 m，沟底宽 1.45 m。事发当日在浇注沟槽混凝土垫层作业中，东侧边坡发生坍塌，将 1 名工人掩埋。正在附近作业的其余 7 名施工人员立即下到沟槽底部，从南、东、北三个方向围成半月形扒土施救，并用挖掘机将塌落的大块土清出，然后用挖掘机斗抵住东侧沟壁，保护沟槽底部的救援人员。经过约半小时的救援，被埋人员的双腿已露出。此时，挖掘机司机发现沟槽东侧边坡又开始掉土，立即向沟底的人喊叫，沟底的人听到后，立即向南撤离，但仍有 6 人被塌落的土方掩埋。

根据事故调查和责任认定，对有关责任方做出以下处理：施工单位负责人、项目负责人、监理单位项目总监等 4 名责任人移交司法机关依法追究刑事责任；施工单位董事长、施工带班班长、监理单位法人等13名责任人分别受到罚款、吊销执业资格证书、记过等行政处罚；施工、监理等单位受到相应经济处罚。

2. 原因分析

直接原因：沟槽开挖未按施工方案确定的比例放坡（方案要求1∶0.67，实际放坡仅为1∶0.4），同时在边坡临边堆土加大了边坡荷载，且没有采取任何安全防护措施，导致沟槽边坡土方坍塌。

间接原因：

（1）施工单位以包代管，未按规定对施工人员进行安全培训教育及安全技术交底，施工人员缺乏土方施工安全生产的基本知识。

（2）监理单位不具备承担市政工程监理的资质，违规承揽业务并安排不具备执业资格的监理人员从事监理活动。

（3）施工、监理单位对施工现场存在的违规行为未及时发现并予以制止，对施工中存在的事故隐患未督促整改。

（4）未制定事故应急救援预案，在第一次边坡坍塌将1人掩埋后盲目施救，发生二次塌方导致死亡人数的增加。

3. 事故教训

（1）以包代管，终酿惨案。这是一项典型的以包代管工程。施工单位对所承包的工程应加强安全管理，做好日常的各项安全和技术管理工作，加强土方边坡的定点监测、提前发现事故险兆。

（2）深度超过5 m的沟槽，施工前应组织专家论证，并严格按照施工方案放坡，执行沟槽边1 m内禁止堆土的规定。

（3）监测不力，救援不及时。施工单位应加强对沟槽施工边坡的安全检查，及时发现事故隐患；应制定应急救援预案，当发生紧急情况时，应按照预案在统一指挥和确保安全的前提下进行抢险。

第二节　建筑施工企业安全教育培训制度

安全生产教育主要分为宣传、教育、培训三种类型。宣传使人信服，教育给人提供信息，培训力图传授技能。实际上它们之间无明显的区别，结合使用就能收到一定的教育效果。

一、安全生产教育培训要求

1. 培训制度建设

建筑施工企业及其内部单位要设置安全教育培训部门，配备专、兼职的安全培训管理人员，负责制定本单位的职工安全教育培训计划并组织实施。

(1) 外部约束

企业和项目部安全评估考核、安全资格认证年审、年度责任目标完成考核以及企业和项目经理任职资格审查考核，都与安全教育培训对接，实行一票否决。

(2) 内部控制

建立职工安全教育培训档案，对培训人员的安全素质进行跟踪和综合评估，在招收员工时与历史数据进行比对，比对的结果可以作为是否录用的重要依据。培训档案应具备个人培训档案录入和查询、个人安全素质评价、企业安全教育与培训综合评价等功能。

2. 培训对象和时间

(1) 培训对象

主要分为管理人员、特殊工种人员、一般性操作工人。包括三级教育、变换工种教育、特殊工种安全教育、经常安全教育等。

(2) 培训的时间

依据《生产经营单位安全培训规定》，生产经营单位主要负责人和安全生产管理人员初次安全培训时间不得少于32学时，每年再培训时间不得少于12学时；生产经营单位新上岗的从业人员，岗前培训时间不得少于24学时；从业人员在本生产经营单位内调整工作岗位或离岗一年以上重新上岗时，应当重新接受车间（工段、区、队）和班组级的安全培训。生产经营单位实施新工艺、新技术或者使用新设备、新材料时，应当对有关从业人员重新进行有针对性的安全培训。特种作业人员，必须按照国家有关法律、法规的规定接受专门的安全培训，经考核合格，取得特种作业操作资格证书后，方可上岗作业。

建筑施工企业从业人员每年应接受一次专门的安全培训，可分为定期（如管理人员和特殊工种人员的年度培训）和不定期培训（如一般性操作工人的安全基础知识培训、企业安全生产规章制度和操作规程培训、分阶段的危险源专项培训等）。

3. 培训经费

安全教育和培训计划还应对培训的经费做出概算，这也是确保安全教育和培训计划实施的物质保障。

政府可以尝试强制增加安全培训投入费用比例。企业应把培训经费用于积极参与和选送业务骨干参加培训，或去优秀施工企业的工地进行现场参观学习，进行技术交流，不断更新知识，学习和借鉴他人的安全生产管理先进理念和先进管理经验。工人本身的素质偏低，增加培训课时会提高他们对安全技术的掌握程度。

4. 培训师资

培训机构应邀请高层次专家、名校教授等到培训班来授课、交流、讲座。

二、安全生产教育培训内容

1. 通用安全知识培训

（1）法律法规的培训，企业在对使用的法律法规适用条款作出评价后，应开展法律法规的专门培训。

（2）安全基础知识培训。

（3）建筑施工主要安全标准、企业安全生产规章制度和操作规程培训，同行业或本企业历史事故的培训。

2. 专项安全知识培训

（1）岗位安全培训

施工现场不论是管理岗位还是操作岗位，都要进行相应的安全知识培训，对特殊作业岗位还要通过考核取得相应资质。一般要做好上新岗、转岗、重新上岗等各个环节的培训。

(2) 分阶段的危险源专项培训

项目危险源的识别与分阶段专项安全教育，是搞好建筑施工企业安全生产关键的一个环节。分阶段的专项培训主要按建筑工程的施工程序（作业活动）来进行分类，一般分为基础阶段、主体阶段、装饰装修阶段、退场阶段。首先在工程开工前针对作业流程和分类对整个项目涉及的危险源进行评价，确定重大危险源和一般危险源，并制定重大危险源的控制方案和一般危险源的控制措施，针对重大危险源和一般危险源的分布制订培训计划。

3. 施工现场常用安全教育形式及内容

(1) 新工人三级安全教育

这是企业必须坚持的安全生产基本教育制度。对新工人（包括新招收的合同工、临时工、学徒工、劳务工及实习和代培人员）都必须进行公司、项目、班组的三级安全教育。三级安全教育一般由安全、教育和劳资等部门配合组织进行，经教育考试合格者才准许进入生产岗位，不合格者必须补课、补考。要建立档案、职工安全生产教育卡等。新工人工作一个阶段后还应进行重复性的安全再教育，以加深安全的感性和理性认识。

1）公司进行安全基本知识、法规、法制教育。包括党和国家的安全生产方针，安全生产法规、标准和法制观念，本单位施工（生产）过程及安全生产规章制度、安全纪律，本单位安全生产的形势及历史上发生的重大事故及应吸取的教训，发生事故后如何抢救伤员、排险、保护现场和及时报告。

2）工程项目部进行现场规章制度和遵章守纪教育。包括项目部施工安全生产基本知识，本单位（包括施工、生产场地）安全生产制度、规定及安全注意事项，本工种的安全技术操作规程，机械设备、电气安全及高处作业安全基本知识，防毒、防尘、防火、防爆知识及紧急情况安全处置和安全疏散知识，防护用品发放标准及防护用具、用品使用的基本知识。

3）班组安全生产教育。由班组长主持进行，或由班组安全员及指定技术熟练、重视安全生产的老工人讲解，进行本工种岗位安全操作及班组安全制度、纪律教育。主要内容包括本班组作业特点及安全操作规程、班组安全生产活动制度及纪律、爱护和正确使用安全防护装置（设施）及个人劳动防护用品、本岗位易发生事故的不安全因素及防范对策、本岗位的作业环境及使用的机械设备和工具的安全要求。

（2）特种作业人员的培训

《特种作业人员安全技术培训考核管理规定》（安监总局第30号令）自2010年7月1日起施行，对特种作业的定义、范围、人员条件和培训、考核、管理都作了明确的规定。

特种作业是容易发生事故，对操作者本人、他人的安全健康及设备、设施的安全可能造成重大危害的作业。特种作业人员，是指直接从事特种作业的从业人员。

特种作业目录中规定了特种作业的范围，包括电工作业、焊接与热切割作业、高处作业等9大类41种，与工程建设内容有关的特种作业见表6—2。

建筑行业特种作业人员，主要包括电工、架子工、电（气）焊工、爆破工、机械操作工（平刨、圆盘锯、钢筋机械、搅拌机、打桩机等）、起重工、司炉工、塔吊司机及指挥人员，物料提升机（龙门架、井架）、外用电梯（人货两用电梯）司机，信号指挥、厂内车辆驾驶员、起重机械拆装作业人员等。

特种作业人员必须经专门的安全技术培训并考核合格，取得“中华人民共和国特种作业操作证（IC卡）”（国家安全生产监督管理总局办公厅2010年9月25日“关于实施《特种作业人员安全技术培训考核管理规定》有关问题的通知”），方可上岗作业。

（3）经常教育

安全教育培训工作，必须做到经常化、制度化。经常性的安全教育，也就是通常所说的安全宣传活动，如国家的安全月、企业的“百日无事故安全活动”、班前安全教育活动等。通过看录像、图

表 6—2　新旧特种作业目录对应表

新工种		旧工种	备注
电工作业	高压电工作业	高压安装修造作业	新旧作业类别和工种可对应
		高压调试试验作业	
		高压运行维护作业	
	低压电工作业	低压电工作业	
	防爆电气作业	防爆电气作业	
焊接与热切割作业	熔化焊接与热切割作业	等离子切割作业	新旧作业类别和工种可对应
		电渣焊作业	
		焊条电弧焊与碳弧气刨作业	
		埋弧焊作业	
		气焊与气割作业	
		气体保护焊作业	
		特殊焊接与热切割作业	
	压力焊作业	电阻焊作业	
	钎焊作业	钎焊作业	
高处作业	登高架设作业	登高架设作业	新旧作业类别和工种可对应
	高处安装、维护、拆除作业	高处装修与清洁作业	

片，参观施工现场等，使安全教育的活动覆盖全员，贯穿施工全过程。

1）主要内容包括上级的劳动保护、安全生产法规及有关文件、指示，各部门、科室和每个职工的安全责任，遵章守纪，事故案例及教育和安全技术先进经验、革新成果等。

2）采用新技术、新工艺、新设备、新材料和调换工作岗位时，要对操作人员进行新技术操作和新岗位的安全教育，未经教育不得上岗操作。

3）班组应每周安排一次安全活动日，可利用班前和班后进行。其内容是学习党、国家和上级主管部门及企业随时下发的安全生产规定文件和操作规程；回顾上周安全生产情况，提出下周安全生产要求；分析班组工人安全思想动态及现场安全生产形势，表扬好人好事和通报需吸取的教训。

（4）适时安全教育

根据建筑施工的生产特点，在六个环节要抓紧安全教育。六个环节包括：工程突击赶任务，往往不注意安全；工程接近收尾时，容易忽视安全；施工条件好时，容易麻痹；季节气候变化，外界不安全因素多；节假日前后，思想不稳定；纠正违章教育。

4. 培训内容的选择

培训中应根据不同培训对象选择不同的培训内容。

（1）建筑施工企业负责人和项目经理培训

主要内容是国家安全生产方针、政策、法律法规、标准和规范及重大伤亡事故分析。还要培训安全理论方面的知识，如安全人机学、安全心理学、安全经济学、安全文化和国外先进的安全管理理念等，提高他们对安全管理的认识和理解水平。

（2）对专职安全管理人员的培训

不仅要学习党和国家的安全生产方针政策、法律法规，还要重点学习安全生产技术标准和规范，危险源和安全隐患的确定方法，掌握检查、评定、分析和提出整改措施的方法。

（3）对施工现场作业人员的培训

除国家安全生产方针政策、法律法规外，重点要学习安全常识和本工种操作规程、事故案例、应急救援措施等。

对从事特种作业人员，重点学习的有建筑施工企业所涉及的法规条款、强制条文、验收标准及安全技术、安全操作规程等专业知识，加强解决问题的能力。

三、安全生产教育培训方式

国务院安全委员会发布《国务院安委会办公室关于贯彻落实国务院〈通知〉精神加强企业班组长安全培训工作的指导意见》（安

委办［2010］27号），要求培训内容形式多样，创新培训方式方法，增强培训的针对性和实效性，提高从业人员的安全意识和技能。

1. 培训形式

安全生产教育的方式方法是多种多样的，安全活动日、班前班后安全会、安全会议、讲课以及座谈、安全知识考核、安全技术报告交流、开展安全竞赛及安全日活动、事故现场会、安全教育陈列室、安全卫生展览、宣传挂图、安全教育电影、电视以及幻灯片、宣传栏、警示牌、横幅标语、宣传画、安全操作规程牌、黑板报、简报等，都是进行经常性安全教育的方法。

以上教育方法可以分为课堂教育、现场观摩、影像教育、正反面对比教育、现场宣传教育五种类型。

（1）集中进行课堂培训

进行电话声像教育，组织职工观看违规违章存在重大事故隐患现场录像，结合事故案例讲评分析违章指挥、违章操作、违反劳动纪律的危害性，并同时播放规范标准作业录像进行强化对比教育。

（2）有针对性的对比教育

组织各类安全会议、安全活动日、现场的技能专项学习，进行现场观摩讲析、查隐患找原因，提出整改措施。

（3）班前班后安全活动

这种活动作为安全教育与培训的重要补充，应予以充分重视。班组成员通过了解当日存在的危险源及采取的相应措施，作为自己在施工时的指南，当天作业完后由班组长牵头对所属工人进行安全施工安全讲评。

2. 培训形式的选择原则

一般可根据职工文化程度的不同，采用不同的方式方法。力求做到切实有效，使职工受到较好的安全教育。

（1）对象是管理人员

管理人员一般具有丰富实践经验，在某些问题上的见解，不一定不如某些培训教师。因此应积极研究和推广交互式教学等现代培训方法。

（2）对象是一般性操作工人

针对操作人员的安全基础知识培训，应遵循易懂、易记、易操作、趣味性强的原则。建议采用发放图文并茂的安全知识小手册、播放安全教育多媒体教程的方式增加培训效果。

3. 培训手段

目前安全教育和培训的教学方法，主要是沿袭传统的课堂教学方法，“教师讲，学员听”。从培训手段看，目前多数还是“一张讲台，一支粉笔，一块黑板”的传统手段。采用灵活适用的手段，提高培训质量，是培训中考虑的重要内容。

（1）采用多媒体教育的方式

安全教育多媒体教程可采用计算机和投影相结合的方式，内容应以声、像、动画相结合为主要体现模式。

（2）广泛的、连续的教育方式

利用安全知识竞赛、演讲会、研讨会、座谈会等多种形式进行广泛的教育，还可以利用标语、板报等宣传工具进行长期教育。

（3）开展多形式的安全宣传

集中制作成安全宣传展板，利用板报、安全读物、幻灯和电影等形式进行安全宣传，能够制造一个良好的氛围，有一定的效果，应长期坚持；但同时也存在一定的缺陷，不能起到“一把钥匙开一把锁”的作用，不能具体指出每个工人克服危险因素的关键所在。

（4）安全竞赛及安全活动

许多企业开展“百日无事故竞赛”“安全生产××天”等多种形式的活动，把安全竞赛列入企业的安全计划中去，在车间班组进行安全竞赛，对优胜者给予奖励，可以提高职工安全生产的积极性。当然，竞赛的成功与否不在于谁是优胜者，而在于降低整个企业的事故率。

（5）展览及安全出版物

展览是以非常现实的方式，使工人了解危害和怎样排除危害的措施，体现安全预防措施和实用价值。展览与有一定目的的其他活动结合起来时，可以取得最佳效果。

安全出版物涉及的问题较为广泛。例如，定期出版的安全杂志、通讯、简报，新的安全装置介绍、操作规则等方面的调查和研究成果，以及预防事故的新方法等。

安全宣传资料的其他形式还有小册子和传单、安全邮票上的图示和标语等。

（6）充分发挥劳动保护教育中心和教育室的作用

20世纪80年代以来，各省、自治区、直辖市劳动部门先后建立了一些劳动保护教育中心，各行业、企业也建立了劳动保护教育室，这是开展安全知识教育、交流安全生产先进经验的重要场所，需采取多种形式，充分发挥劳动保护教育中心和教育室的作用，推动安全教育进一步发展。

除上述的方法外，还有许多进行安全宣传教育的方法。例如，师傅带徒弟，现场教学；制定安全生产合同，作为安全生产目标管理的一部分等。

四、安全生产教育培训考核

考核是评价培训效果的重要环节，依据考核结果，可以评定员工接受培训的认知的程度和采用的教育与培训方式的适宜程度，也是改进安全与培训效果的重要反馈渠道。

1. 考核制度

应设置完备的考核制度，如签到、签退、回答问题、闭卷考试、补考制度等；建立安全教育档案，并与奖罚挂钩。

2. 考核的形式

（1）书面形式开卷

这种考试形式对考场纪律要求不严，在监考教师不多的情况，是一种较好的选择。考试环境相对宽松，考生心理相对比较放松。适宜普及性培训的考核，如针对一般性操作工人的安全教育培训。

（2）书面形式闭卷

这种形式试题的质问角度比较简单，多数是能从书面上直接找到答案的问题，这种考试形式有利于考查考生的识记、理解和应用能力，也是对考生多方面基本能力素质的考查。适宜专业性较强的培训，如管理人员和特殊工种人员的年度考核。

（3）计算机联考

是将试卷按系统实现方法，编制好计算机程序，并放在企业局域网上，公司管理人员或特殊工种人员可以通过在本地网或通过远程登录的方式在计算机上答题。

（4）现场技能考核

分为考生身份验证、考试信息设置、组卷、答案提交几个步骤。这种方式以现场操作为主，然后参照相关标准对操作的结果进行考核。由于施工技术特点的需要，这种方式是其他考试形式无法替代的。

五、安全生产教育培训评估

开展安全培训效果评估的目的，是为改进安全教育与培训的诸多环节提供信息输入。评估主要从间接培训效果、直接培训效果和现场培训效果三个方面来进行。

1. 间接培训效果

主要是在培训结束后通过问卷的方式，对培训采取的方式、培训的内容、培训的技巧方面进行评价。

2. 直接培训效果

评价依据主要为考核结果，以参加培训的人员的考核分数来确定安全教育与培训的效果。

3. 现场培训效果

主要以在生产过程中出现的违章情况和发生的安全事故的频数，来确定培训的效果。

六、案例分析

1. 事故简介

2007年9月6日，河南省郑州市富田太阳城商业广场B2区工程施工现场发生一起模板支撑系统坍塌事故，造成7人死亡、17人受伤，直接经济损失约596.2万元。

该工程为框架结构，建筑面积115 993.6 m²，合同造价1.18亿元。发生事故的是B2区地上中厅4层天井的顶盖。原设计为观光井，建设单位提出变更后，由设计单位下发变更通知单，将观光井改为现浇混凝土梁板。

该天井模板支撑系统施工方案于2007年8月10日编制。8月15日劳务单位施工现场负责人在没有见到施工方案的情况下，安排架子工按照常规外脚手架搭设方法搭建支撑系统并于28日基本搭设完毕，经现场监理人员和劳务单位负责人验收并通过。9月5日上午再次进行验收，总监理代表等人提出模板支撑系统稳定性不好，需进行加固。施工人员于当日下午和次日对支撑系统进行了加固。6日8时，经项目经理同意，在没有进行安全技术交底的情况下，混凝土施工班组准备进行混凝土浇筑。9时左右，总监理代表通过电话了解到模板支撑系统没按要求进行加固，当即电话通知现场监理下发工程暂停令。9时30分左右，模板支撑系统加固完毕。10时左右开始浇筑混凝土，14时左右，项目工长发现钢管和模板支撑系统变形，立即通知劳务单位负责人，该负责人当时就要求施工班组对模板支撑系统加固，班组长接到通知后迅速跑到楼顶让施工人员停止作业并撤离，但施工人员置之不理，14时左右模板支撑系统发生坍塌。

根据事故调查和责任认定，对有关责任方作出以下处理：项目执行经理、监理单位现场总监理、劳务单位现场负责人等8名责任人移交司法机关依法追究刑事责任；施工单位法人、项目经理、劳务单位法人等14名责任人分别受到吊销执业资格、罚款、撤职等行政处罚；施工、监理、劳务等单位分别受到罚款、暂扣安全生产许可证、停止招投标资格等行政处罚。

2. 原因分析

（1）直接原因

劳务单位在没有施工方案的情况下，安排架子工按常规的外脚手架支搭模板支撑系统，导致B2区地上中厅4层天井顶盖的模板支撑系统稳定性差，支撑刚度不够，整体承载力不足，混凝土浇筑工艺安排不合理，造成施工荷载相对集中，加剧了模板支撑系统局部失稳，导致坍塌。

（2）间接原因

1）劳务公司现场负责人对施工过程中发现的重大事故险肇没有及时采取果断措施，让施工人员立即撤离的指令没有得到有效执行，现场指挥失误。

2）劳务公司未按规定配备专职安全管理人员，未按规定对工人进行三级安全教育和培训，未向班组施工人员进行安全技术交底。

3）施工单位对模板支撑系统安全技术交底内容不清，针对性不强，而实际未得到有效执行。

4）项目部对检查中发现的重大事故隐患未认真组织整改、验收，安全员在发现重大隐患没有得到整改的情况下就在混凝土浇筑令上签字。

5）项目经理、执行经理、技术负责人、工长等相关管理人员未履行安全生产责任制，对高大模板支撑系统搭设完毕后未组织严格的验收，把关不严。

6）监理单位监理员超前越权签发混凝土浇筑令，总监理代表没有按规定程序下发暂停令，在下发暂停令仍未停工的情况下，没有及时地追查原因，加以制止，监督不到位。

3. 事故教训

（1）从近几年来发生的高大模板支撑系统坍塌事故案例中可以看出，施工人员不按施工方案执行，或者没有方案就组织施工是造成事故的一个重要原因。从这起事故看，如果严格按照方案施工，可能就能保证安全，但劳务单位现场负责人没有见到施工方案就违章地指挥架子班按脚手架的常规做法施工，从而导致事故发生。

（2）从事故经过看，这起事故并不是突然发生的。从发现支撑体系变形到倒塌有30多分钟的时间，但施工人员安全意识差，没有自我保护意识，不听从指挥，如果发现支撑系统变形后，人员立即撤离现场，就不会造成严重的伤亡事故。

（3）在施工程序上安排不合理，没有严格地按照施工方案执行，而是由工长口头交代，采取先浇筑中间板、后浇筑梁的方法，造成局部荷载加大，导致本已无法承受压力的支撑体系加快变形，最终整体坍塌。

第三节　建筑施工企业职业健康管理

一、建筑施工企业的职责

用人单位应当加强职业病防治工作，为劳动者提供符合法律、法规、规章、国家职业卫生标准和卫生要求的工作环境和条件，并采取有效措施保障劳动者的职业健康。用人单位是职业病防治的责任主体，并对本单位产生的职业病危害承担责任。

职业病危害严重的用人单位，应当设置或者指定职业卫生管理机构或者组织，配备专职职业卫生管理人员。其他存在职业病危害的用人单位，劳动者超过100人的，应当设置或者指定职业卫生管理机构或者组织，配备专职职业卫生管理人员；劳动者在100人以下的，应当配备专职或者兼职的职业卫生管理人员，负责本单位的职业病防治工作。用人单位应当对劳动者进行上岗前的职业卫生培训和在岗期间的定期职业卫生培训，普及职业卫生知识，督促劳动者遵守职业病防治的法律、法规、规章、国家职业卫生标准和操作规程。用人单位应当对职业病危害严重的岗位的劳动者，进行专门的职业卫生培训，经培训合格后方可上岗作业。

存在职业病危害的用人单位应当制订职业病危害防治计划和实施方案，建立、健全下列职业卫生管理制度和操作规程：

（1）职业病危害防治责任制度；

（2）职业病危害警示与告知制度；

（3）职业病危害项目申报制度；

（4）职业病防治宣传教育培训制度；

（5）职业病防护设施维护检修制度；

（6）职业病防护用品管理制度；

（7）职业病危害监测及评价管理制度；

（8）建设项目职业卫生“三同时”管理制度；

（9）劳动者职业健康监护及其档案管理制度；

（10）职业病危害事故处置与报告制度；

（11）职业病危害应急救援与管理制度；

（12）岗位职业卫生操作规程；

（13）法律、法规、规章规定的其他职业病防治制度。

产生职业病危害的用人单位的工作场所应当符合下列基本要求：

（1）生产布局合理，有害作业与无害作业分开；

（2）工作场所与生活场所分开，工作场所不得住人；

（3）有与职业病防治工作相适应的有效防护设施；

（4）职业病危害因素的强度或者浓度符合国家职业卫生标准；

（5）有配套的更衣间、洗浴间、孕妇休息间等卫生设施；

（6）设备、工具、用具等设施符合保护劳动者生理、心理健康的要求；

（7）法律、法规、规章和国家职业卫生标准的其他规定。

产生职业病危害的用人单位，应当在醒目位置设置公告栏，公布有关职业病防治的规章制度、操作规程、职业病危害事故应急救援措施和工作场所职业病危害因素检测结果。存在或者产生职业病危害的工作场所、作业岗位、设备、设施，应当按照《工作场所职业病危害警示标识》（GBZ 158—2003）的规定，在醒目位置设置图形、警示线、警示语句等警示标识和中文警示说明。警示说明应当载明产生职业病危害的种类、后果、预防和应急处置措施等内容。

用人单位应当为劳动者提供符合国家职业卫生标准的职业病防护用品，并督促、指导劳动者按照使用规则正确佩戴、使用，不得发放钱物替代发放职业病防护用品。用人单位应当对职业病防护用品进行经常性的维护、保养，确保防护用品有效，不得使用不符合国家职业卫生标准或者已经失效的职业病防护用品。

存在职业病危害的用人单位，应当实施由专人负责的工作场所职业病危害因素日常监测，确保监测系统处于正常工作状态。存在职业病危害的用人单位，应当委托具有相应资质的职业卫生技术服务机构，每年至少进行一次职业病危害因素检测。职业病危害严重的用人单位，除遵守前款规定外，应当委托具有相应资质的职业卫生技术服务机构，每三年至少进行一次职业病危害状况评价。

用人单位与劳动者订立劳动合同（含聘用合同）时，应当将工作过程中可能产生的职业病危害及其后果、职业病防护措施和待遇等如实告知劳动者，并在劳动合同中写明，不得隐瞒或者欺骗。劳动者在履行劳动合同期间因工作岗位或者工作内容变更，从事与所订立劳动合同中未告知的存在职业病危害的作业时，用人单位应当向劳动者履行如实告知的义务，并协商变更原劳动合同相关条款。用人单位违反规定的，劳动者有权拒绝从事存在职业病危害的作业，用人单位不得因此解除与劳动者所订立的劳动合同。用人单位不得安排未成年工从事接触职业病危害的作业，不得安排有职业禁忌的劳动者从事其所禁忌的作业，不得安排孕期、哺乳期女职工从事对本人和胎儿、婴儿有危害的作业。

二、职业卫生法律法规

我国职业卫生法律法规体系包括法律、行政法规、地方法规、部门规章、规范性文件和标准，如图 6—1 所示。

三、职业健康监护

1. 职业健康监护的概念

职业健康监护是以预防为目的，根据劳动者的职业接触史，通过定期或不定期的医学健康检查和健康相关资料的收集，连续地监测劳动者的健康状况，分析劳动者健康变化与所接触的职业病危害因素的关系，并及时地将健康检查和资料分析结果报告给用人单位和劳动者本人，以便及时采取干预措施，保护劳动者健康。

职业健康监护主要包括职业健康检查和职业健康监护档案管理等内容。职业健康检查包括上岗前、在岗期间、离岗时、应急的职业健康检查。

2. 职业健康监护目的

（1）早期发现职业病、职业健康损害和职业禁忌证；

（2）跟踪观察职业病及职业健康损害的发生、发展规律及分布情况；

（3）评价职业健康损害与作业环境中职业病危害因素的关系及危害程度；

（4）识别新的职业病危害因素和高危人群；

（5）进行目标干预，包括改善作业环境条件，改革生产工艺，采用有效的防护设施和个人防护用品，对职业病患者及疑似职业病和有职业禁忌人员的处理与安置等；

（6）评价预防和干预措施的效果；

（7）为制定或修订卫生政策和职业病防治对策服务。

3. 职业健康检查

（1）上岗前的健康检查

上岗前健康检查的主要目的是发现有无职业禁忌证，建立接触职业病危害因素人员的基础健康档案。用人单位不得安排未经上岗前职业健康检查的劳动者从事接触职业病危害的作业，不得安排有

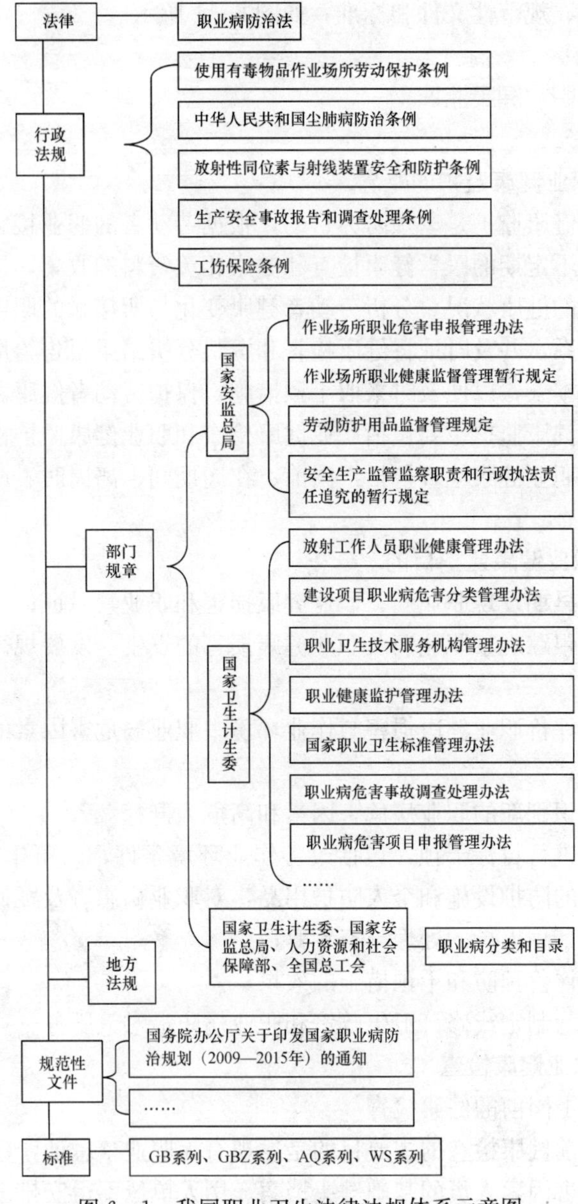

图 6—1　我国职业卫生法律法规体系示意图

职业禁忌的劳动者从事其所禁忌的作业。

下列劳动者应进行上岗前健康检查：

1）拟从事接触职业病危害作业的新录用劳动者，包括转岗到该作业岗位的劳动者；

2）拟从事有特殊健康要求作业的劳动者，如高处作业、电工作业、职业机动车驾驶作业等。

（2）在岗期间的定期健康检查

用人单位应当根据劳动者所接触的职业病危害因素，定期安排劳动者进行在岗期间的职业健康检查。定期健康检查的目的主要是早期发现职业病患者或疑似职业病患者，或劳动者的其他健康异常改变；及时发现有职业禁忌证的劳动者；通过动态观察劳动者群体健康变化，评价工作场所职业病危害因素的控制效果。定期健康检查的周期根据不同职业病危害因素的性质、工作场所有害因素的浓度或强度、目标疾病的潜伏期和防护措施等因素决定。

（3）离岗时的健康检查

对准备脱离所从事的职业病危害作业或者岗位的劳动者，用人单位应当在劳动者离岗前30日内组织劳动者进行离岗时的职业健康检查。检查的主要目的是确定其在停止接触职业病危害因素时的健康状况。劳动者离岗前90日内的在岗期间的职业健康检查可以视为离岗时的职业健康检查。用人单位对未进行离岗时职业健康检查的劳动者，不得解除或者终止与其订立的劳动合同。

（4）应急健康检查

出现下列情况之一的，用人单位应当立即组织有关劳动者进行应急职业健康检查：

1）接触职业病危害因素的劳动者在作业过程中出现与所接触职业病危害因素相关的不适症状的；

2）劳动者受到急性职业中毒危害或者出现职业中毒症状的。

依据检查结果和现场劳动卫生学调查，确定危害因素，为急救和治疗提供依据，控制职业病危害的继续蔓延和发展。

4. 职业健康监护措施

用人单位应当根据职业健康检查报告，采取下列措施：

（1）对有职业禁忌的劳动者，调离或者暂时脱离原工作岗位；

（2）对健康损害可能与所从事的职业相关的劳动者，进行妥善安置；

（3）对需要复查的劳动者，按照职业健康检查机构要求的时间安排复查和医学观察；

（4）对疑似职业病病人，按照职业健康检查机构的建议安排其进行医学观察或者职业病诊断；

（5）对存在职业病危害的岗位，立即改善劳动条件，完善职业病防护设施，为劳动者配备符合国家标准的职业病危害防护用品。

5. 职业健康监护档案

职业健康监护档案是健康监护全过程的客观记录资料，是系统地观察劳动者健康状况的变化，评价个体和群体健康损害的依据，其特征是资料的完整性、连续性。

（1）职业健康监护档案

用人单位应当为每个劳动者建立职业健康监护档案。档案内容包括劳动者姓名、性别、年龄、籍贯、婚姻、文化程度、嗜好等情况，劳动者职业史、既往病史和职业病危害接触史，历次职业健康检查结果及处理情况，职业病诊疗资料，需要存入职业健康监护档案的其他有关资料。

（2）职业健康监护档案的管理

用人单位应当为劳动者个人建立职业健康监护档案，并按照有关规定妥善保存。安全生产行政执法人员、劳动者或者其近亲属、劳动者委托的代理人有权查阅、复印劳动者的职业健康监护档案。劳动者离开用人单位时，有权索取本人职业健康监护档案复印件，用人单位应当如实、无偿提供，并在所提供的复印件上签章。

四、职业病危害项目申报

为了规范职业病危害项目的申报工作，加强对用人单位职业卫生工作的监督管理，根据《职业病防治法》，国家安全生产监督管理总局颁布了《职业病危害项目申报办法》，自2012年6月1日起施行。

该办法规定：用人单位（煤矿除外）工作场所存在职业病目录所列职业病的危害因素的，应当及时、如实向所在地安全生产监督管理部门申报危害项目，并接受安全生产监督管理部门的监督管理。职业病危害因素按照《职业病危害因素分类目录》确定。职业病危害项目申报工作实行属地分级管理的原则。

用人单位有下列情形之一的，应当按照本条规定向原申报机关申报变更职业病危害项目内容：

（1）进行新建、改建、扩建、技术改造或者技术引进建设项目的，自建设项目竣工验收之日起30日内进行申报。

（2）因技术、工艺、设备或者材料等发生变化导致原申报的职业病危害因素及其相关内容发生重大变化的，自发生变化之日起15日内进行申报。

（3）用人单位工作场所、名称、法定代表人或者主要负责人发生变化的，自发生变化之日起15日内进行申报。

（4）经过职业病危害因素检测、评价，发现原申报内容发生变化的，自收到有关检测、评价结果之日起15日内进行申报。用人单位终止生产经营活动的，应当自生产经营活动终止之日起15日内向原申报机关报告并办理注销手续。

五、案例分析

2009年7月20日凌晨，某市建筑工地发生一起防水涂料作业工人中毒事故，共有19人中毒，死亡2人。

工地现场作业部分是给大楼地基墙体作防水处理。7月19日22点30分，5名施工人员用原粉加烯料配制防水涂料，并开始自下而上手工涂刷水泥基墙外壁。20日凌晨2点左右，巡查工人发现基槽中情况异常，有人昏倒，其中2人已经死亡。工地负责人闻讯赶来组织抢救工作。救援工作持续10多分钟，参加抢救的人员相继出现头昏、恶心、无力等中毒现象。20日下午和21日，有关部门组成联合调查组到现场取样、调查。检测结果显示，中毒事件发生后15 h和36 h，基槽底部的苯含量分别超过国家允许最高浓度14.7倍和1.5倍，甲苯也超过国家标准，二氧化碳浓度正常，从而证实此事故是一起以苯为主的苯系物有机溶剂中毒。

第四节　建筑施工企业应急管理

一、事故应急救援系统

1. 应急救援的基本任务

事故应急救援是指通过事前计划和应急措施，在事故发生时采取的消除、减少事故危害和防止事故恶化，最大限度降低事故损失的措施。在生产过程中一旦发生事故，往往造成惨重的生命、财产损失和环境破坏。由于自然或人为、技术等原因，当事故或灾害不可能避免的时候，建立重大事故应急救援体系，组织及时有效的应急救援行动，已成为抵御事故风险或控制灾害蔓延、降低危害后果的关键甚至是唯一手段。

事故应急救援的基本任务包括以下几个方面：

（1）立即组织营救受害人员，组织撤离或者采取其他措施保护危害区域内的其他人员。抢救受害人员是应急救援的首要任务。在应急救援行动中，快速、有序、有效地实施现场急救与安全转送伤员，是降低伤亡率、减少事故损失的关键。由于重大事故发生突然、扩散迅速、涉及范围广、危害大，应及时指导和组织群众采取各种措施进行自身防护，必要时迅速撤离出危险区或可能受到危害的区域。在撤离过程中，应积极组织群众开展自救和互救工作。

（2）迅速控制事态，并对事故造成的危害进行检测、监测，测定事故的危害区域、危害性质及危害程度。只有及时地控制住危险源，防止事故的继续扩展，才能及时有效地进行救援。

（3）消除危害后果，做好现场恢复。

（4）查清事故原因，评估危害程度。事故发生后应及时调查事故的发生原因和事故性质，评估出事故的危害范围和危险程度，总结救援工作中的经验和教训。

2. 应急救援的特点

事故应急救援工作十分复杂，具有不确定性、突发性、复杂性和后果、影响易猝发、激化、放大的特点。因此，为了尽可能降低事故的后果及影响，减少事故所导致的损失，要求应急救援行动必须做到迅速、准确和有效。

（1）迅速。就是要求建立快速的应急响应机制，能迅速准确地传递事故信息，迅速地召集所需的应急力量和设备、物资等资源，迅速建立统一指挥与协调系统，开展救援活动。

（2）准确。要求有相应的应急决策机制，能基于事故的规模、性质、特点、现场环境等信息，正确地预测事故的发展趋势，准确地对应急救援行动和战术进行决策。

（3）有效。主要指应急救援行动的有效性，包括应急队伍的建设与训练，应急设备（设施）、物资的配备与维护，预案的制定与落实以及有效的外部增援机制等。

3. 应急管理过程

应急管理是一个动态的过程，体现了“预防为主，常备不懈”的应急思想，包括预防、准备、响应和恢复四个阶段。尽管在实际情况中这些阶段往往是交叉的，但每一阶段都有其明确的目标，而且每一阶段又是构筑在前一阶段的基础之上，因而预防、准备、响应和恢复的相互关联，构成了重大事故应急管理的循环过程。

（1）预防。一是预防事故发生，实现本质安全；二是减少事故损失。从长远看，低成本、高效率的预防措施是减少事故损失的关键。

（2）准备。是指为有效应对突发事件而事先采取的各种措施的总称，包括应急机构的建立和职责落实、预案的编制、应急队伍的建设、应急设备（施）与物资的准备和维护、预案的演练、与外部应急力量的衔接等。

（3）响应。是在事故发生后立即采取的应急与救援行动，包括事故的报警与通报、人员疏散、急救与医疗、消防和工程抢险措施、信息收集与应急决策和外部救援等。及时响应是应急管理的主要原则。应急响应是应对突发事件的关键阶段、实战阶段，考验着政府和企业的应急处置能力。

（4）恢复。恢复工作应在事故发生后立即进行，包括事故损失评估、原因调查、废墟清理等。恢复工作包括短期恢复和长期恢复。在短期恢复工作中，应注意避免出现新的突发事件。在长期恢复工作中，应汲取突发事件应急工作的经验教训，开展进一步的突发事件预防工作和减灾行动。

4. 事故应急响应的级别和程序

（1）应急响应的级别

典型的应急响应级别可分为以下三级：

1）一级紧急情况。必须利用所有有关部门及一切资源的紧急情况，或者需要各个部门同外部机构联合处理的各种紧急情况，通常要宣布进入紧急状态。

2）二级紧急情况。需要两个或更多个部门响应的紧急情况。

3）三级紧急情况。能被一个部门正常可利用的资源处理的紧急情况。

（2）应急响应的程序

按响应过程来分，应急响应的程序包括接警与响应级别的确定、应急启动、救援行动、应急恢复和应急结束等几个过程，如图6—2所示。

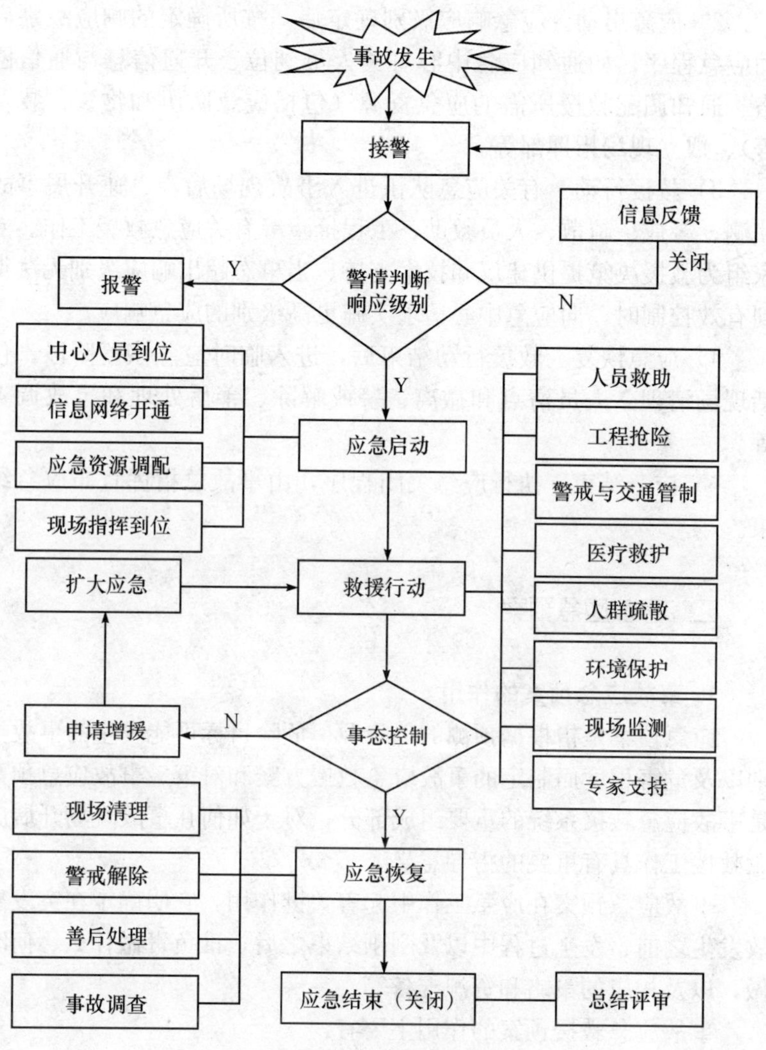

图 6—2　事故应急响应的程序

1）接警与响应级别确定。接到事故报警后，按照工作程序，对警情做出判断，初步确定相应的响应级别。如果事故不足以启动应急救援体系的最低响应级别，响应关闭。

2）应急启动。应急响应级别确定后，按所确定的响应级别启动应急程序，如通知应急中心有关人员到位、开通信息与通信网络、通知调配救援所需的应急资源（包括应急队伍和物资、装备等）、成立现场指挥部等。

3）救援行动。有关应急队伍进入事故现场后，迅速开展事故侦测、警戒、疏散、人员救助、工程抢险等有关应急救援工作。专家组为救援决策提供建议和技术支持。当事态超出响应级别无法得到有效控制时，向应急中心请求实施更高级别的应急响应。

4）应急恢复。救援行动结束后，进入临时应急恢复阶段。包括现场清理、人员清点和撤离、警戒解除、善后处理和事故调查等。

5）应急结束。执行应急关闭程序，由事故总指挥宣布应急结束。

二、事故应急预案

1. 事故应急预案的作用

应急预案是指根据预测的危险源、危险目标可能发生的事故类别以及危害程度而制定的事故应急救援方案和对策。事故应急预案是事故应急救援系统的重要组成部分，对于如何在事故现场开展应急救援工作具有重要的指导意义。

事故应急预案在应急工作中起着关键作用，它明确了在突发事故发生之前、发生过程中以及刚刚结束之后，谁负责做什么、何时做，以及相应的策略和资源准备等。

事故应急救援预案的作用主要有：

（1）应急救援预案明确了应急救援的范围和体系，便于应急准备和应急管理，尤其利于培训和演习工作的开展。

（2）有利于做出及时的应急响应，降低事故的危害程度。

（3）成为各类突发重大事故的应急基础。通过编制基本应急预案，可以起到基本的应急指导作用。在此基础上，可以针对特定危害编制专项应急预案，有针对性地制定一般应急措施、进行专项应急准备和演习。

（4）当发生超过应急能力的重大事故时，便于与上级部门的协调。

（5）有利于提高风险防范意识。

2. 事故应急预案的分类

（1）按功能与目标分类

应急预案按功能与目标可以划分为综合预案、专项预案、现场预案三类。它们之间的层次关系如图 6—3 所示。

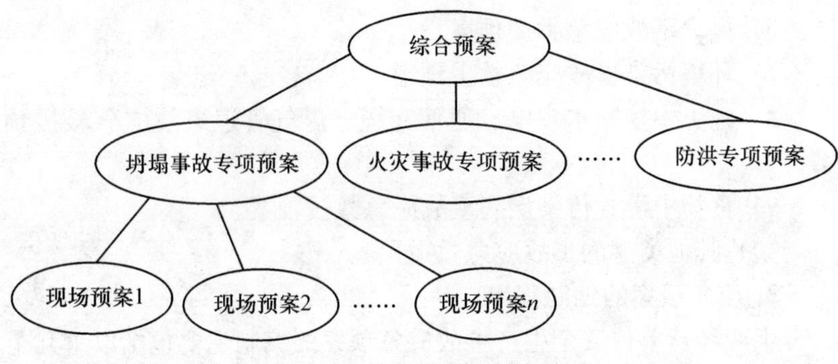

图 6—3　应急预案的层次关系

（2）按应急级别分类

根据可能的事故后果的影响范围、地点及应急方式，将事故应急预案分为五种级别：

1）Ⅰ级（企业级）应急预案。

2）Ⅱ级（市、县/社区级）应急预案。

3）Ⅲ级（地区/市级）应急预案。

4）Ⅳ级（省级）应急预案。

5）Ⅴ级（国家级）应急预案。

（3）按应急的事故类型分类

为各种类型的事故制定相应的应急预案，是保证应急救援高效的必要措施。因此，在应急救援预案的制定中，应根据辖区或工作场所可能发生的事故类型制定各类事故的应急预案。建设工程中常见的事故类型有高空坠落、施工坍塌、物体打击、机械伤害、触电等。因此政府建设行政主管部门、施工单位和施工现场应制定如下类型的应急预案：

1）坍塌事故应急救援预案。

2）物体打击事故应急救援预案。

3）机械伤害事故应急救援预案。

4）触电事故应急救援预案。

5）高空坠落事故应急救援预案。

6）火灾事故应急救援预案。

7）环境污染事故应急救援预案。

8）施工中挖断水、电、通信光缆、煤气管道事故应急救援预案。

9）食物中毒、传染疾病事故应急救援预案。

10）其他类型的事故应急救援预案。

3. 应急预案的编制程序

生产经营单位安全生产事故应急预案的编制主要包括以下几个过程：

(1) 成立预案编制工作组。结合本单位部门职能分工，成立以单位主要负责人为领导的应急预案编制工作组，明确编制任务、职责分工，制订工作计划。

(2) 资料收集。收集应急预案编制所需的各种资料（相关法律法规、应急预案、技术标准、国内外同行业事故案例分析、本单位技术资料等）。

(3) 危险源与风险分析。在危险因素分析及事故隐患排查、治理的基础上，确定本单位的危险源、可能发生事故的类型和后果，进行事故风险分析，并指出事故可能产生的次生、衍生事故，形成分析报告，分析结果作为应急预案的编制依据。

(4) 应急能力评估。对本单位应急装备、应急队伍等应急能力进行评估，并结合本单位实际，加强应急能力建设。

(5) 应急预案编制。针对可能发生的事故，按照有关规定和要求编制应急预案。应急预案编制过程中，应注重全体人员的参与和培训，使所有与事故有关人员均掌握危险源的危险性、应急处置方案和技能。应急预案应充分利用社会应急资源，与地方政府预案、上级主管单位以及相关部门的预案相衔接。

(6) 应急预案评审与发布。应急预案编制完成后，应进行评审。评审由本单位主要负责人组织有关部门和人员进行。外部评审由上级主管部门或地方政府负责安全管理的部门组织审查。评审后，按规定报有关部门备案，并经生产经营单位主要负责人签署发布。

三、常见事故的救护方法

1. 触电事故的急救

触电急救的基本原则是动作迅速、方法正确。有资料指出，从触电后 1 min 开始救治者，90%有良好效果；从触电后 6 min 开始救治者，10%有良好效果；而从触电后 12 min 开始救治者，救活的可能性很小。触电事故的主要急救方法如下：

(1) 脱离电源。发现有人触电后，应立即关闭开关、切断电源。同时，用木棒、皮带、橡胶制品等绝缘物品挑开触电者身上的带电物体。立即拨打报警求助电话。需防止触电者脱离电源后可能的摔伤，特别是当触电者在高处的情况下，应考虑采取防摔措施。

(2) 解开妨碍触电者呼吸的紧身衣服，检查触电者的口腔，清理口腔黏液，如有假牙，则应取下。

(3) 立即就地抢救。当触电者脱离电源后，应根据触电者的具体情况，迅速对症救护。现场应用的主要救护方法是人工呼吸法和胸外心脏按压法。应当注意，急救要尽快进行，不能等候医生的到来，在送往医院的途中，也不能中止急救。

(4) 如有电烧伤的伤口，应包扎后到医院就诊。

2. 烧伤事故的救护

火焰、开水、蒸汽、热液体或固体直接接触人体引起的烧伤，都属于热烧伤。热烧伤的救护方法如下：

（1）轻度烧伤尤其是不严重的肢体烧伤，应立即用清水冲洗或将患肢浸泡在冷水中 10～20 min，如不方便浸泡，可用湿毛巾或布单盖在患部，然后浇冷水，以使伤口尽快冷却降温，减轻损伤。穿着衣服的部位如烧伤严重，不要先脱衣服，否则易使烧伤处的水疱、皮肤一同撕脱，造成伤口创面暴露，增加感染机会。而应立即朝衣服上面浇冷水，待衣服局部温度快速下降后，再轻轻脱去衣服或用剪刀剪开褪去衣服。

（2）若烧伤处已有水疱形成，则小水疱不要随便弄破，大水疱应到医院处理或用消过毒的针刺小孔排出疱内液体，以免影响创面修复，增加感染机会。

（3）烧伤创面一般不做特殊处理，不要在创面上涂抹任何有刺激性的液体或不清洁的粉或油剂，只需保持创面及周围清洁即可。较大面积烧伤用清水冲洗清洁后，最好用干净纱布或布单覆盖创面，并尽快送往医院治疗。

（4）火灾引起烧伤时，伤员着火的衣服应立即脱去，如果一时难以脱下来，可让伤员卧倒在地滚压灭火，或用水浇灭火焰。切勿带火奔跑或用手拍打，否则可能使得火借风势越烧越旺，使手被烧伤；也不可在火场大声呼救，以免导致呼吸道烧伤。要用湿毛巾捂住口鼻，以防烟雾吸入导致窒息或中毒。

3. 中毒窒息事故的救护

（1）通风。加强全面通风或局部通风，用大量新鲜空气对中毒区的有毒有害气体浓度进行稀释冲淡，待有害气体浓度降到容许浓度时，方可进入现场抢救。

（2）做好防护工作。救护人员在进入危险区域前必须戴好防毒面具、自救器等防护用品，必要时也应给中毒者戴上。迅速将中毒者从危险的环境转移到安全、通风的地方，如果伤员失去知觉，可将其放在毛毯上提拉，或抓住衣服，头朝前地转移出去。

（3）如果是一氧化碳中毒，中毒者还没有停止呼吸，则应立即松开中毒者的领口、腰带，使中毒者能够顺畅地呼吸新鲜空气；如果呼吸已停止但心脏还在跳动，则应立即进行人工呼吸，同时针刺人中穴；若心脏跳动也停止，应迅速进行胸外心脏按压，同时进行人工呼吸。

（4）对于硫化氢中毒者，在进行人工呼吸之前，要用浸透食盐溶液的棉花或手帕盖住中毒者的口鼻。

（5）如果是瓦斯或二氧化碳窒息，情况不太严重时，可把窒息者移到空气新鲜的场所稍作休息；若窒息时间较长，就要进行人工呼吸抢救。

（6）如果毒物污染了眼部和皮肤，应立即用水冲洗；对于口服毒物的中毒者，应设法催吐。简单有效的办法是用手指刺激舌根；若误服腐蚀性毒物，可口服牛奶、蛋清、植物油等对消化道进行保护。

（7）救护中，抢救人员一定要沉着，动作要迅速。对任何处于昏迷状态的中毒人员，必须尽快送往医院进行急救。

4. 高处坠落事故的急救

（1）现场急救。对于高处坠落到地面的伤员，应初步检查伤情，不能随便搬动或摇动患者，必须立即向社会医疗机构呼救。如有肢体大量出血，应在保持患者体位不动的情况下采取适当措施及时止血，并进行初步包扎；如果现场确定四肢骨折，应按正确方法及时进行固定。

（2）伤员搬运

1）对怀疑有脊柱骨折的患者，在搬运和转送过程中，颈部和躯干不能前屈或扭转，而应使脊柱伸直，不得采取一人抱胸、一人扶腿的方法搬运。伤员上下担架应由3～4人分别抱头、托胸（肩、臂）、抬胳膊（腿），保持动作一致平稳，避免脊柱弯曲扭动，防止加重伤情。

2）应对创伤局部做妥善包扎，但对疑似颅底骨折和脱离危险的脑脊液漏患者切忌做填塞，以免导致颅内感染。应及时进行创伤包扎和骨折固定。

3）对于复合伤患者应平仰卧位，保持呼吸道畅通，解开衣领扣（冬季应采取保暖措施）。

5. 刺伤、戳伤事故的急救

刺伤、戳伤是指因刀具、玻璃、铁丝、铁钉、铁棍、钢针、钢钎等尖锐物品刺戳所造成的意外伤害。处理戳伤应注意以下急救要点：

（1）对于较轻的刺伤和戳伤，只需进行创口消毒清洗后，用干净的纱布等包扎止血，或就地取材使用代替品初步包扎后再去医院进一步包扎。

（2）对于仍停留在体内的铁钉、铁棍、钢针、钢钎等硬器，不要立即拔出，应用清洁纱布或其他布料（或干净的手绢）按在伤口四周以止血，并妥当地将硬器固定好，防止脱落，尽快将患者送往医院手术取出。

（3）如果刺入伤口的物体较小，可用环形垫或用其他纱布垫在伤口周围。用干净的纱布覆盖伤口，再用绷带加压包扎，但不要压及伤口。如果戳伤比较严重，则应及时送医院救治。

（4）对于刺中腹部导致肠道等内脏脱出来时，不得将脱出的肠道等内脏再送回腹腔内，以免加大感染，可在脱出的肠道上覆盖消毒纱布，再用干净的盆或碗倒扣在伤口上，用绷带或布带进行固定，同时迅速送往医院抢救。

（5）对于施工现场出现的各类刺伤、戳伤等，无论伤口深浅，均应去医院接受注射治疗，防止引起破伤风。

6. 坍塌事故的急救

坍塌伤害是指由于土体塌方、垮塌而造成人员被土石方等物体压埋，发生掩埋窒息或造成人员肢体损伤的事故。现场抢救坍塌事故被埋压的人员时，应注意以下急救要点：

（1）先认真观察事故地点塌方的情况，如发现现场土壁、石壁有再次塌落的危险时，要先维护好土壁、石壁，通过由外向里，边支护边掏洞的办法，小心地把遇险者身上的土、石块搬开，把被埋压者救出来。

（2）尽早先将患者头部露出来，立即清除其口腔内的泥土等杂物，保持呼吸道畅通。

（3）如果土、石块较大，无法搬运，可用千斤顶等工具抬起，然后把石块拨开。不得生拉硬拽拖出患者，也不得镐刨锤打移除大石块。

（4）救出伤员后，应立即判断伤员的伤情，根据实际情况采取正确的急救方法。

（5）在搬运伤员过程中，防止肢体活动，无论有无骨折，均需用夹板固定，将肢体暴露在凉爽的空气中；对于脊椎骨折的伤员，避免脊柱弯曲扭动，防止加重伤情。

四、案例分析

某新型干法水泥生产线生料均化及窑尾工程，结构形式为钢筋混凝土—钢结构，采用 QTZ—200 t · m 型自升塔式起重机进行吊装施工，塔吊安装高度 56 m，臂长 40 m，于塔身 40 m 高处附着于建筑物上。

事故发生当日，操作人员在将重约 4 t 预热器非标件（直径 4.6 m，高度 3.185 m）从塔吊正北方的制作场地吊往窑尾框架北边场地，当落钩距离地面大约 1 m 时，塔机吊臂突然折臂断开，吊臂前段砸中框架第三层，挂在钢支架上。

事故发生后，项目部立即启动事故处理应急预案，组织人员采取保护措施，对事故区域进行警戒、封闭；聘请专家指导，安排专业技术人员对塔吊进行实时监测，防止事故进一步发生。经现场勘查和分析，塔身已严重倾斜。

塔身倾斜方向北面是省际交通要道且来往车辆频繁，受损塔机的不安全状态，将对交通安全构成威胁；此时恰逢雨季，大风或雨水浸泡的基础下沉都可能进一步破坏处在暂时平衡，但严重倾斜、岌岌可危的塔机。塔机拆除已不可能用常规方法，而抢险拆除所需

240 t、200 t汽车吊尚在300 km以外，正在积极协调联系中。虽然情况十分危急，但根据现场勘查塔身结构附着情况以及测结果判定塔身基本处于稳定状态，此刻盲目采取任何动作都可能产生振动和破坏事故塔机平衡，引发次生事故。目前任务是加强监测，并按照预案做好拆除前期的各项准备工作，静待大吨位汽车吊到来立即实施拆除。两天后，两台汽车吊相继到位，一台用于锁起重臂，另一台用于锁平衡臂。其中一台在拆臂时起平衡力矩作用，防止因力的突然变化而造成倾翻；锁住上部机构在整机平衡的状况下，加强已变形受损的塔身附着机构和塔身标准节，然后依次拆除吊下塔机各机构。最后，事故塔吊被安全拆除。

第七章
建筑施工企业安全文化建设实践经验

第一节　中国交通建设股份有限公司安全文化建设

一、企业概况

中国交通建设股份有限公司（以下简称中交股份）成立于2006年10月8日，是经国务院批准，由中国交通建设集团有限公司（国务院国资委监管的中央企业）整体重组改制并独家发起设立的股份有限公司，并于2006年12月15日在香港联合交易所主板挂牌上市交易，是中国第一家成功实现境外整体上市的特大型国有基建企业（股票代码为01800.HK）。截至2010年年末，中交股份员工数108 779人，资产总额达到3 111亿元，在国务院国资委监管的120家中央企业中营业收入位列第16位，利润总额位列第18位。

中交股份作为世界500强企业，主要从事港口、码头、航道、公路、桥梁、铁路、隧道、市政等基础设施建设和房地产开发业务，业务足迹遍及世界100多个国家和地区。公司是中国最大的港口设计及建设企业，设计承建了新中国成立以来绝大多数沿海大中型港口码头；世界领先的公路、桥梁设计及建设企业，参与了国内众多高等级主干线公路建设；世界第一疏浚企业，拥有中国最大的疏浚船队，耙吸船总舱容量和绞吸船总装机功率均排名世界第一；全球最大的集装箱起重机制造商，集装箱起重机业务占世界市场份额的75%以上，产品出口78个国家和地区的近130个港口；中国最大的国际工程承包商，连年入选美国ENR世界最大225家国际承包商，CCCC、CHEC、CRBC、ZPMC品牌享誉全球；中国最大的设计公司，拥有13家大型设计院、7个国家级技术中心、14个省级技术中心、6个交通行业重点实验室、7个博士后科研工作站；中国铁路建设的主力军，先后参与了武合铁路、太中银铁路、哈大客专、京沪高铁、沪宁城际、石武客专、兰渝铁路、湘桂铁路、宁安铁路等多个国家重点铁路项目的设计和施工；创造诸多世界“之最”工程，苏通长江大桥、杭州湾跨海大桥、上海洋山深水港以及正在实施的港珠澳大桥等工程，不仅代表了中国最高水平，也反映了世界最高水平。

2005年至今，公司先后获得567项自主知识产权专利，荣获20项国家科学技术进步奖，279项省部级科技进步奖，16项鲁班奖，30项詹天佑土木工程大奖，59项国家优质工程奖（其中金奖7项），242项省部级优质工程奖，35项国家级工法。公司被国务院国资委授予“科技创新特别奖”，并入选“全国创新型企业”。

2011年，公司名列世界500强第211位，排名较2010年提升了13位；位居ENR全球最大225家国际承包商第11位，连续5年位居中国上榜企业第1名；位居中国企业500强第19位。2010年，公司入选“福布斯全球2000强企业”榜单，排名位列第297位，居中国内地建筑企业首位。2005年以来，公司相继被中组部和国资委党委评为“全国国有企业创建‘四好’领导班子先进集体”，连续6年被国务院国资委授予“业绩优秀企业奖”，连续两个任期获评“经营业绩考核A级企业”“业绩优秀企业奖”和“科技创新特别奖”，并入选中宣部、国务院国资委十大“国有企业典型”；被国家人力资源和社会保障部确定为“国家高技能人才培养示范基地”，被授予“全国交通运输企业文化建设优秀单位”“中央企业优秀社会责任实践奖”“国家技能人才培育突出贡献奖”等荣誉称号。

二、企业理念

1. 内容

（1）企业使命：固基修道，履方致远。

（2）企业愿景：让世界更畅通。

（3）企业核心价值观：为顾客创造精品；为员工创造机会；为股东创造效益；为社会创造财富。

（4）企业精神：甘于吃苦无私奉献的“墨脱精神”；勇于创新领先世界的“振华精神”；善于协作团结奋进的“龙成精神”。

（5）企业作风：勤奋、务实、严谨、高效。

（6）企业道德：重诺守信、感恩回报。

（7）管理方针：科学决策、精细管理、优质服务、和谐发展。

2. 释义

（1）企业使命：固基修道，履方致远。《说文解字》解释：“基，墙始也。从土，其声。”亦指基础。“履方”，出自《汉书·冯奉世传》“鞠躬履方”一语。“履”即践行。公司以交通基础设施建设为主业，企业标识取材于中国甲骨文中的“行”字。公司致力于为社会经济发展构筑坚固基础，为人类往来修畅行大道；坚守法规，厉行理念，追求和谐发展。

（2）企业愿景：让世界更畅通。交通是国民经济的基础产业，领先国家经济社会的发展。公司以交通基础设施建设为主业，秉承行业精神，做到领先发展，成为技术领先、管理领先、效益领先的企业。在让世界更畅通的同时，使企业走向世界，自立于世界优秀企业之林。

（3）企业核心价值观：为顾客创造精品；为员工创造机会；为股东创造效益；为社会创造财富。简称“四为”，是公司处理与顾客、员工、股东和社会四方面关系的基本原则。“精品”指优质、便利、低耗、安全和环保的产品与服务。“机会”指既要为员工提供工作岗位，也要提供个人发展、岗位成才的通道。“效益”使股东得到满意的投资回报。“财富”包括物质财富和精神财富。

（4）企业精神：甘于吃苦无私奉献的“墨脱精神”；勇于创新领先世界的“振华精神”；善于协作团结奋进的“龙成精神”。根据公司的历史传统、业务特点和面临的任务，要大力提倡甘于吃苦、勇于创新、善于协作的精神，这三种精神的公司形象化的代表是“墨脱精神”“振华精神”“龙成精神”。

墨脱，位于祖国西南边陲，西藏自治区境内，曾是中国唯一未通公路的县。为了把公路修进墨脱，中交二公院的技术人员承担了勘察设计任务，他们多次进入墨脱，克服了地质条件复杂、自然环境恶劣等不利因素，战胜了饥饿、寂寞和死亡的考验，胜利完成了任务。培育了甘于吃苦、无私奉献的“墨脱精神”。

上海振华港机公司以创建中国自己的世界品牌为己任，坚持自主科技创新，研制成功 40 尺双小车集装箱起重机等具备世界先进水平、拥有自主知识产权的产品，结束了港机装备依赖进口的历史。上海振华港机公司敢于和世界大企业竞争，经十余年的艰苦奋斗，产品出口到世界 62 个国家和地区，成为世界最大的集装箱起重机制造商。“振华港机”已成为享誉全球的中国世界名牌。培育了勇于创新领先世界的“振华精神”。

公司整体上市工作以“龙成项目”命名，它是在原中港、路桥两大集团刚刚合并重组，各方面关系尚未理顺的情况下启动的。全体员工以大局为重，上下一心，团结一致，经过 9 个月的努力工作，使公司成功在香港联交所整体上市，创造了国有企业海外上市前所未有的高速度。在这一过程中，文化深一层融合，员工进一步团结。培育了善于协作团结奋进的“龙成精神”。

（5）企业作风：勤奋、务实、严谨、高效。公司深切了解，交通基础设施建设是传统、薄利、市场竞争激烈的业务领域，要在这一领域中取胜，唯有培育发扬“勤奋、务实、严谨、高效”的作风。

（6）企业道德：重诺守信、感恩图报。重诺守信、感恩图报是中华民族的传统美德，应予继承发扬。

中交二公局2004年年底签约杭（州）浦（东）高速公路路面三标，合同约定2007年年底交工。因客观原因，至2007年6月现场才具备作业条件，如按期交工需每月完成产值1亿元，相当于每月建一个中型公路项目，实属困难。但中交二公局人克服困难，践诺履约，如期按质按量完工交付，业主十分感动。

上海振华港机公司1992年成立时，加拿大温哥华港是首家客户。14年之后，2006年温哥华港再次向公司订货，公司以1992年第一台起重机的价格向温哥华港售出了公司第1 000台起重机（让利200万美元）。“正是有了你们买的第一台，才有了振华今天销往世界的1 000台，饮水思源，感谢你们。”公司领导如是说。

3. 宣传口号用语

我行天下，天下我行。

诚信服务、优质回报、不断超越。

用心浇注您的满意。

精细打造质量，责任确保安全，诚信浇筑品牌。

安全是企业最好的效益，安全是员工最大的幸福。

三、以人为本，推进企业文化建设

项目文化是企业文化建设的具体体现，在项目文化建设过程中，要坚持塑造以人为本文化理念，塑造优秀团队，调动职工积极性和主动性。

坚持“人才”文化理念。牢固树立企业用人、企业为人、企业靠人，处处体现和谐友爱的人本理念，发挥项目文化的凝聚、导向、激励和转化等功能，最大限度地发挥员工的技能和潜力，擅用员工之长，扭转员工的“打工族”观念，提高对企业的忠诚度、归属感和主人翁精神。工程项目长期在野外露天作业，工作、生活条件十分艰苦，项目部在生产、生活方面要在力所能及的情况下，最大限度地改善员工的工作、生活环境。在工作中，要安排交通车接送员工上下班，工作点设置饮水、休息、防寒避暑场所，尽可能地减轻员工的劳动强度。在生活上，要设置环境舒畅的员工宿舍，冬夏季节能让员工保暖防暑，办好职工食堂，让员工吃上可口的饭菜；丰富职工娱乐生活。

强化“安全”文化理念。安全文化是项目文化的子课题，安全文化对于实现安全生产、保障员工身体健康的生命安全具有重大意义。鉴于此，结合自身的实际，认真抓好安全文化的推进工作，使员工不断加深对安全生产重要性、紧迫性的认识，并将其延伸到作业队伍之中。

建立“品牌”文化理念。牢固树立“百年大计、质量第一”的思想，努力打造工程品牌。施工伊始，要采用各种途径加强员工的质量教育，树立“今天的质量是企业明天的生命”的工作理念，形成人人讲质量、人人关心质量、人人重视质量的氛围，切实克服口头讲质量、行动忽视质量的现象，真正做到以质取胜。在质量管理中，要制定切实可行的质量管理制度，实行以项目经理为首的质量保证体系，严格按质量保证体系运作，强化对工序质量控制。坚持“预防为主”的工作方针，力求做到防患于未然，切实克服工程质量时好时坏现象。在施工过程中严格实行自检、互检、专检相结合的“三检”和每月一次的质量检查制度。

四、文化建设成体系，深植管理见成效

中交第一航务工程局有限公司是中国交通建设股份有限公司的全资子公司，创建于 1945 年 11 月 12 日，是新中国第一支筑港队伍，素有“筑港摇篮”的美誉。

公司是以港口工程施工为主，多元经营、跨行业、跨地区的国有大型骨干施工企业，拥有 1 个工程总承包特级资质、14 个工程总承包一级资质和 15 个专业承包一级资质，经营领域包括港口、航道、修造船厂水工建筑物工程和高速公路、桥梁、机场、铁路、地铁、轻轨、大型成套设备安装、工业民用建筑、市政工程以及其他大中型建设项目。

公司下设11个全资子公司，2个控股子公司，6个分公司、事业部，3个参股公司，1个教育培训中心，分别分布在天津、上海、青岛、大连、秦皇岛等地。至2012年年底，一航局有限公司拥有总资产371亿元；拥有各类工程船舶231艘，施工机械5 196台（套）。

六十余年铸就了一航人的辉煌，截至2012年年底，一航局累计建成码头泊位1 362个，其中万吨级及以上泊位716个；同时建成船坞、船台49座，公路、桥梁、铁路683公里。施工区域涉及国内31个省市自治区，涉及亚洲、非洲、欧洲、大洋洲、南极洲的20个国家和地区。

多年来，公司荣获国家优质工程金奖和银奖34项、鲁班奖13项、詹天佑大奖19项，中国市政工程金杯奖9项，省部级优质工程奖163项，并获得国家和省部级科技进步奖84项，获得国家专利88项，多项技术成果均达到国际领先、国际先进水平，8项工程被评为建国60年百项经典工程，为公司参与市场竞争，实现率先发展奠定了良好的基础。

近年来，公司分别荣获“中国建筑企业竞争力百强”“全国优秀施工企业”“全国用户满意施工企业”“全国质量效益型先进施工企业”“全国卓越绩效模式先进企业”“全国安全生产优秀施工企业”“全国设备管理优秀单位”“全国建筑业AAA级信用企业”“全国企业文化建设先进单位”等荣誉称号，并曾先后多次获得“全国思想政治工作优秀企业”“全国精神文明建设工作先进单位”“全国交通企业文化优秀成果实践创新奖和卓越绩效奖”“天津市文明企业”“全国模范职工之家”“全国青年文明号”等荣誉称号。

一航局的项目文化，经过不断总结提炼和大力践行，目前已初步形成规范化和系统化，取得了明显成效，具有以下鲜明特点。

1. 认清文化责任，领导主导作用发挥明显

（1）倡导作用。各单位领导班子尤其是党政一把手，对项目文化建设高度重视，大力倡导。如一、三、四、五、安装、城交公司等单位，2011年上半年相继召开项目文化建设专题推动会或交流会，旗帜鲜明地强调“抓文化建设是本职，不抓文化建设是失职，抓不好文化建设是不称职”“没有文化管理思想的项目经理难当大任”“项目经理是项目文化建设第一责任人”等观点，营造了浓厚的项目文化建设氛围。

（2）推动作用。各单位党委加大项目文化推动力度。一公司党委书记亲自抓各项目部《项目文化建设规划》完善，提高了项目文化建设整体水平；五公司党委书记率队调研项目文化建设情况，调研面达80%以上；二、三、四公司，安装公司、港研院、总承包分公司等单位，党委领导通过各种方式，帮助基层明确思路、规范方法，有力促进了项目文化建设。

（3）示范作用。各单位党政领导走上讲台，亲自宣讲企业文化；项目经理、支部书记交流项目文化建设心得体会，起到了较好的示范推广作用。

2. 规范建设体系，项目文化建设整体提升

各基层单位项目文化建设逐步规范化、系统化，整体水平有较大提升。

（1）理念体系逐步完善。一公司港航安装公司根据所处环境和管理现状，提出了“锻造品质，成就你我”的核心理念，旨在锻造员工的职业品质和工程产品的过硬品质，以此实现员工和项目的共同发展，取得了较好成效。三公司船舶修造分公司提出诚心立足于服务业主，公心立足于内部管理公平公正，精心立足于质量、成本和安全管理，舒心立足于和谐氛围的“四心”理念，生产经营连续实现跨越式发展。

（2）制度支撑逐渐有力。一公司第十二项目部在“预制工艺品”核心理念引领下，以“员工优秀、工艺领先、操作精细”为落脚点，形成一整套针对性、关联性较强的制度支撑体系，有力保障了核心理念的“落地”；四公司第十项目部作为全局乃至中交唯一的机场场道施工专业队伍，以“永不停航”作为项目核心理念，出台与之相适应的保障制度，着力打造“不停航”施工专业团队，两年来中标4个机场9项工程，在打造品牌的同时开拓了市场。

(3) 载体建设日渐丰富。项目文化核心理念提出后，必须有相应的载体来推进才能落到实处。各单位及基层项目部积极推行“班前宣誓”活动，成为宣贯理念、凝聚团队、沟通管理的平台和载体。同时，根据自身情况，积极创建特色载体。如一公司及所属项目部在领导班子中坚持开展批评与自我批评，在职工队伍建设中坚持“三工评定”，在党员队伍建设中实行“八星党员”评选；二公司在施工现场推行“6S”文明工地管理规定、“最翔实的施工日志”评选，在员工礼仪教育方面推行“两人成行、三人成列”和“一航礼仪践行月”活动；四公司坚持“项目管理文化看板”“四个一”活动等，使项目文化建设不断深化。

(4) 长效机制初步形成。经过不懈探索，项目文化建设工作机制已逐渐形成。一是形成明确的职责分工，局层面主要是建立机制、明确方向，各单位主要是结合实际、大力推动，项目部则是深入践行、转化成果；二是在局和各单位党委主要领导以及企业文化部门的大力推动下，各基层项目部《项目文化建设规划》逐渐完善，针对性和可操作性不断增强，对项目文化建设形成了重要引领作用；三是各单位逐步将项目文化建设考核提上议事日程。

3. 深植企业管理，成果转化初见成效

项目文化建设，根本目的是促进一航文化真正“落地”。一航局始终坚持将文化建设融入项目管理，取得一定成效。

(1) 提升了项目管理层次。二公司烟台项目部坚持把项目文化核心理念贯穿于项目管理的全过程，引领完善管理制度，优化管理流程，激励管理创新，并通过一系列载体推动，使项目管理进入良性轨道。该项目部以“精益管理”理念为引领，制定和完善各项管理制度，其《管理制度汇编》涵盖了行政、财务、分包、结算、物资、质量、安全七大方面38项制度，有效提升了项目管理。

(2) 打造品质过硬的团队。在项目文化建设中，始终遵循关心人、尊重人、理解人、培养人的原则。一公司第五项目部致力于打造“铁军团队”，通过关键“战役”锻造人；推行“温情管理”，提倡“快乐工作法”，使团队凝聚力、战斗力进一步提升。

(3) 形成各具特色的管理经验。在项目文化建设中，各单位通过有针对性的制度支撑和载体推进，逐步形成了具有自身特色的管理经验。如一公司第一项目部的精细与创新管理，第二项目部的安全管理，第六项目部的服务文化与质量管理，第十二项目部的质量管理；二公司全面推行的“6S”文明工地管理，预制分公司的质量和安全管理；三公司长兴岛分公司的经营管理思路；四公司第三项目部的服务文化和第五项目部的精细管理；五公司第四项目部依托重大工程推行的制度管理和精品管理；总承公司包津汉项目部的责任意识和奉献意识培养；等。

(4) 提升了品牌影响力。通过一航特色文化建设，“中交一航”品牌被赋予更高的文化附加值，“金字招牌”擦得更亮。特别是通过参建大型、特大型工程，为“中交一航”品牌提供了展示舞台。

4. 推进文化延伸，增强文化辐射能力

在企业经营规模不断扩大、协作队伍日益庞大的情况下，一航局提出将“文化延伸”作为一航文化建设的一项重点工作。在各单位推荐的基础上，选择 16 个基层项目部进行试点，其中多个项目部制定了专门的文化延伸方案，其他项目部也进行积极探索，取得了一定效果。

推进方法的多样性。根据协作队伍大致分为长期合作、临时合作、业主指定三种不同类型，出台了专门的管理办法，根据协作队伍各自的特点，分类别、分层次、分方法进行延伸：一是教育培训，二是一体化管理，三是奖罚并举，四是人文关怀，五是互惠共赢。

推进效果的有效性。一是文化认同感增强，二是管理水平提升，三是协同作战能力提高。随着一航文化和管理延伸逐步深入，很多协作队伍和一航局形成了“一荣俱荣、一损俱损”的利益共同体，在面对重大困难挑战时，协作队伍做到与一航队伍一条心、一股劲，困难攻坚克难，携手共进。

第二节　中建三局第二建设工程有限责任公司安全文化建设

一、企业概况

中建三局第二建设工程有限责任公司于1954年4月成立于重庆市。公司伴随着共和国一同成长，为国家的经济建设做出了重要贡献。是世界500强企业——中国建筑工程总公司的重要成员。

公司拥有三个一级总承包资质（房屋建筑工程施工总承包、机电安装工程施工总承包、市政公用工程施工总承包）和五个专业分包一级资质（钢结构、高耸建筑物、装饰装修、环保工程、地基与基础）。目前，公司业务遍布全国20多个省（市、自治区），并在印度尼西亚、也门、科威特等国家和地区承担工程建设、总包管理等业务。

公司坚持“用心建筑、以诚服务”的理念，先后建成了当时亚洲第一塔——天津广播电视塔等一大批质量优、技术水平高、社会效益好，展示中国建筑形象与业绩，以“高、大、新、尖”为特色的工程项目。有21项工程荣获国家质量最高奖——鲁班奖及国家优质工程奖，成为我国建筑施工企业获此大奖最多的企业之一。有200多项工程获省部级以上优质工程及省部级以上科技成果奖，武汉国际贸易中心大厦和南宁地王国际商会中心先后获“全国建筑业新技术应用示范工程”，在超高层建筑、超高层钢结构建筑、特殊构筑物、大型工业建筑、复杂深基础施工以及超高构件吊装、大型超长预应力张拉等施工方面具有独特的技术优势，达到国内和国际先进水平。公司还获得2012年全国企业安全文化建设示范企业称号。

二、安全文化建设和实践情况

1. 企业理念

公司的企业理念是“诚信、创新、超越、共赢”。

(1) 质量观——质量重于泰山

公司严格按照ISO 9000国际质量体系的要求，以“过程精品”铸造“精品工程”。近年来，公司已七次获得国家最高质量奖——鲁班奖（国家优质工程奖），还多次荣获“楚天杯”“黄鹤杯”“黄山杯”等地方工程质量最高奖。公司曾创造了一年内荣获16项部、省、市级优质工程奖的建筑业企业新纪录，并开创了我国第一个建筑施工企业一年同时创5项部级以上优质工程的先河。

(2) 科技观——科技支撑发展

公司积极实施“科技兴司”战略，大力推进科技创新，经过几十年的探索，研究开发出了高强度大体积混凝土、整体脚手架制作应用技术、大面积整体液压滑模施工技术、F5X饰面混凝土施工技术、钢管混凝土顶升施工技术、深基坑施工技术等核心技术优势。其中，大面积整体液压滑模施工技术、F5X饰面混凝土施工技术、钢管混凝土顶升施工技术等已具国际先进水平。

(3) 人才观——人才决定兴衰

公司始终把人才的培养作为企业发展的基础，通过多层次、多形式、多渠道的培训，全方位培养各级各类人才员竞争上岗，使一大批人才脱颖而出。公司拥有专业技术职称2 030人，其中有包括教授级高工在内的高中级职称780人，具有项目经理资质的450人，其中国家一级项目经理126人。

(4) 文化观——诚信为本，员工至上

2. “铁脚板”文化

2011年12月8日，承载着悠久历史和厚重文化的公司《铁脚板文化手册》正式发布。手册以崭新的面貌和充足的勇气奏响了企业发展的新序曲，标志着公司步入文化管理的崭新时代。《铁脚板文化手册》是公司文化建设的重要成果，“铁脚板”文化是二公司人的“传家宝”，由前言、“铁脚板”文化理念体系、“铁脚板”文化与形成、“铁脚板”文化引领高端四部分组成，客观真实地记录了公司的发展历史、优良传统、市场开拓、业绩实力，展示了铁脚板文化的核心理念、执行理念，介绍了公司主体文化及“铁脚板”文化的形成、内涵和特征，再现了“百年国企”丰富文化底蕴。

“铁脚板”文化源于20世纪60年代公司参加国家三线建设时期。50余年的洗礼，几代二公司人的传承，从20世纪60年代艰苦奋斗、自力更生的“干打垒精神”，七八十年代永争一流、敢于挑战的“天塔精神”，90年代勇攀科技高峰、不断超越的“国贸精神”，21世纪二次创业建百年名企的“创新精神”等阶段文化理念的总结提炼、融会贯通，形成了以“开拓不惧远、攻坚不畏难、求是不图虚华、奉献不争名利、争先不断超越、创新永不满足”为内涵的“铁脚板”文化，使企业的思想理念体系固化于制、内化于心、外化于行，成为企业永续发展的不竭动力。

(1)“铁脚板”培育了不畏艰难、一往无前的企业精神

1954年，公司响应国家军转民的号召，工程兵集体改编为国家建委西南二公司。1966年2月26日，二公司奉命从四川渡口调迁贵州平坝，投身国家三线建设。为尽快到达施工现场，在没有任何交通工具的情况下，91名员工凭双脚，翻山越岭、风餐露宿、相互扶持，没有一个人掉队，风雨兼程12天行军1 000多里到达昆明，再乘车去贵州。当时的云南省委书记接见了全体队员，称“你们是铁脚板队”，高度赞扬这种不畏艰难、一往无前的“铁脚板”精神。由此，“铁脚板”精神成为一代又一代二公司人奋力前行的原动力！

在企业的各个发展时期，公司不断赋予“铁脚板”精神新的文化内涵。1966年，二公司人在三线建设施工中，产生了艰苦奋斗、自力更生的“干打垒精神”；1988年，在承建时为亚洲第一高度的天津广播电视塔施工中，形成了永争一流、敢于挑战的“天塔精神”；1994年，在承建楚天第一高楼——武汉国际贸易中心施工

中，培育了勇攀科技高峰、不断超越自我的“国贸精神”。这些“干打垒精神”“天塔精神”“国贸精神”以及近年来的“创新精神”“开拓精神”与“铁脚板”精神一脉相承，丰富了“铁脚板”文化“开拓不惧远、攻坚不畏难、求实不图虚华、奉献不争名利、争先不断超越、创新永不满足”的内涵。

（2）“铁脚板”锻造了敢为人先、奋发有为的激情团队

公司倡导“用天使的眼睛看待员工、用天使的视野培育员工”“不让一个人掉队、一个都不能少”的团队文化管理理念，关注和帮助每名员工的成长。

重业绩、多经历。公司坚持“凭德才、重经历、看业绩、听公论”的用人导向，坚持“多经历、复合型”用人机制，以及党政主要领导“双向进入、交叉任职”的领导体制，突出经营业绩、企业效益、社会效益、和谐发展，让想干事的有机会，能干事的有舞台，干成事的有收获，为企业科学发展注入生机与活力。

重学习、恒于修。公司针对施工企业点多面广、人员高度分散、工学矛盾突出的问题，开设了具有特色的管理沙龙、员工夜校、青年书香号、党员论坛、主题研讨等，大力开展岗位培训，大力创建学习型组织，让员工与企业同进步共发展。近年，公司共有全国优秀施工企业家 5 名，鲁班传人 6 人，全国优秀项目经理、优秀建造师 33 名，省级五一劳动奖章获得者 4 名，各类省市级以上优秀个人 100 余人。

重感恩、人为本。一是崇尚先进、铭记责任。2008 年，公司成立 55 周年之际，经职代会通过，选取为公司做出重要贡献的卓越员工，将他们的事迹、名字和脚印，刻在总部办公楼的台阶上，到目前为止，已刻下 58 双铁脚印。这一个个铁脚印、一面面英雄墙，记载着企业发展史，传承着“铁脚板”精神。二是福利员工、成果共享。公司每年实施员工带薪休假、免费体检，组织骨干员工出国考察，冬送温暖、夏送清凉，金秋助学，每个员工子女考上大学都可享受教育基金等。近两年，员工收入平均增幅超过 20%。三是回馈社会、履行责任。在汶川大地震、南方雪灾、玉树地震等

自然灾害中，公司积极捐款捐物、援建扶贫，获得“全国抗震救灾先进基层党组织”等多项荣誉。

(3)“铁脚板”激发了品质营销、超越自我的创新能力

新世纪新征程，公司在激烈的市场竞争中，以独具特色的营销文化取胜，企业跨入一个崭新的发展时期，主要指标高位增长。2011 年，企业经营规模跨越 400 亿元，年营业收入跃上百亿元平台，连续 6 年位居中国建筑十强企业。

公司注重营销文化的建设与管理，突出文化营销、现场营销、领导营销、上帝营销、科技营销、集团营销，聚焦高端市场、铸造精品工程，取得了一个个骄人的业绩，不断创造着中国建筑的新高度。截至目前，公司共承建 200 m 以上高楼 32 个，其中 300 m 以上高楼 6 个，这在行业中是凤毛麟角的，使铁脚板文化的软实力成为企业发展的硬支撑。

(4)“铁脚板”文化具有开拓创新、与时俱进的时代特征

公司的“铁脚板”文化，源于近 60 年的发展历史，根植于企业艰苦创业、坚韧不拔、勇往直前的实践中，承载厚重的历史底蕴。

1)“铁脚板”文化具有开拓性。

“铁脚板”文化具有铁脚板闯天下的鲜明特征。20 世纪 70 年代从云贵高原走向荆楚大地，80 年代从荆楚大地走向深圳、海口、厦门，90 年代走向京津、走向全国；21 世纪挥师海外、走出国门，开拓也门、科威特、印度尼西亚、越南、柬埔寨市场。正是这种开拓性，铸造了员工队伍开阔的视野、高昂的斗志、蓬勃向上、敢闯敢干的习性，“铁脚板”文化雄辩地说明，它是积极进步的企业文化。

2)“铁脚板”文化具有开放性。

开放性是先进文化的生命力，任何一个国家和民族的存在与发展都不可能是完全封闭的。“铁脚板”文化在形成和发展中，不断吸收先进的思想与文化，求同存异、兼容并蓄，激发企业活力，企业才能始终站在时代发展的前沿，成为中国建筑高端项目的创新者

和引领者。

3）“铁脚板”文化具有开创性。

开创是拓荒、是超前、是创新、是求变，是企业发展的灵魂。面对复杂多变的市场环境，公司抢先开创市场营销模式、创新管理方式、再造制度流程，来适应新形势、新发展，“铁脚板”文化体现出强烈的开创性。

近年来，公司始终坚持“安全发展，品质保障”的理念，本着“安全第一、预防为主”的宗旨，依托公司“铁脚板”文化精神的丰富内涵，大力推进安全文化建设。通过建立完善各类安全生产管理制度，编印《公司安全生产标化图册》，开展公司安委会述职，举办超高层安全管理研讨，开展各级安全现场观摩，举办各类安全教育培训，开展安全文化进工地，举办各类“安康杯”知识竞赛，建立安全奖惩激励机制等一系列活动和举措，营造了良好的安全文化氛围，促进了公司安全管理水平的整体提升，保证了公司产值超百亿元平台上的安全发展。公司已连续5年被武汉市授予“安全生产零事故单位”，连续4年被评为“湖北省安全生产红旗单位”。

正是凭着“铁脚板”精神，二公司人不断创造中国建筑的新高度，实现了跨越式发展。“十一五”期间，公司主要经济技术指标大幅提升，年均递增26%；2011年，企业实现合约额、营业额分别为366亿元、116亿元，同比增长64%、35%，在全国共承建200 m以上的高楼32个；先后荣获“全国文明单位”“全国优秀施工企业”“全国用户满意施工企业”“全国行业诚信经营示范单位”和“中央企业先进基层党组织”。

第三节　北京住总集团安全文化建设

一、企业概况

北京住总集团成立于1983年5月，是跨地区、跨行业、跨所有制、跨国经营的大型企业集团。集团所属20多家子公司和20多家合资、合作企业，在20多个省市和20多个国家、地区设有分支机构。集团年开复工能力达600余万平方米，年综合营业额近100亿元，年实现利润近亿元。北京住总组建以来，先后建成了20多个新建、危改住宅小区和以亚运村为中心的150万米^{2}建筑群；建成了以航华科贸中心为代表的一大批公用建筑；在国外建设了扎伊尔体育场等一批大中型工程项目，赢得了良好的国际信誉。

北京住总集团是以科技研发为先导，房地产开发为龙头，建安、市政施工为基础，文体商贸、生产性服务相结合，跨地区、跨行业、跨所有制、跨国经营的大型企业集团，位居中国企业500强之列，问鼎“全球225家最大国际承包商”。先后荣获“中国经济百佳诚信企业”“推动城市化进程特殊贡献企业”、首批“全国建筑业诚信企业”“国家住房和城乡建设部抗震救灾先进单位”“中国城市建设60年十大贡献企业”“中国房地产住房保障建设杰出贡献企业”“中国房地产最具社会责任感企业”“全国安康杯竞赛优胜企业”“科学技术奖技术创新先进企业”“2008中国最具创新力企业”和“中国企业文化建设十大杰出贡献单位”等荣誉称号。

北京住总集团拥有房屋建筑工程施工总承包特级资质，建筑设计、装饰设计国家甲级资质，房地产开发、市政施工、机电安装、建筑装饰、物业管理国家一级资质；拥有对外经营权、对外贸易权、外派劳务权；企业资信通过AAA级认定，质量、环境、职业健康与安全管理体系通过国内国际双重认证。

北京住总集团自组建以来，建成各类建筑 5 000 多万平方米，仅建设 20 万平方米以上的住宅小区就达 50 多个。共获鲁班奖 12 项，国优金奖、银奖 13 项，市级以上优质工程奖 200 多项。“十二五”时期，北京住总集团以北京市十二五规划纲要为战略引领，以“和谐住总、效益住总、品牌住总、责任住总、创新住总”为共同愿景，履行“为生民安其居，为建筑立伟业”历史使命，对内继续实施集团经营、结构调整、创新驱动、转型升级、做强做优等一系列重大经营举措，不断增强集团住宅产业核心竞争优势；对外，广泛发展与政府、科研院校、银行和企业间的多层次战略合作，向“国内一流地产建筑跨国集团”目标昂扬奋进。

二、确定安全管理核心要素，明确安全管理目标

建筑施工企业安全管理目标的确立，不是一句空洞、乏味的口号。安全管理目标，是安全文化的核心要素，一切安全行为暨安全管理活动都应当紧紧围绕这一要素开展，使之转化为集团总公司、公司、项目部安全管理工作以及参加本单位施工生产的分包单位和施工班组，乃至所有员工安全生产的行为指南，并作为评价各单位、各系统安全管理工作效果的准则。目标应该与安全管理职责落实、安全管理绩效考核挂钩，与优先录用劳务分包单位及推优评先活动挂钩，坚决执行安全一票否决权制度，强化安全责任的落实，努力消除一切不安全行为因素，实现企业与员工共同诉求。

三、强化责任意识，保障目标实现

员工对“第一责任人主体”意识的认同，是企业实现安全生产目标的有力保障。在强化第一责任人的同时，还必须强化终端岗位安全责任落实。通过多种方式调动所有员工主观能动性和安全生产自觉性，变“要我安全”为“我要安全”。特别要注意目标责任分解，要将实现该目标所要采取的各项管理方法、措施，以及各系

统、各部门和各相关人员所担当的相应职责，逐条、逐项分解，落实到每一个系统、每一个单位、每一个部门、每一个管理人员和每一个作业人员。使安全工作“时时有人管、事事有人管”，全员参与、齐抓共管，“纵向到底，横向到边”，不留死角，确保安全管理各项工作切实到位。

四、坚持标本兼治，保障目标实现

企业安全目标的制定，并不意味着安全生产就因此万事大吉。要求企业在施工生产过程中，努力做到零实物隐患、零管理缺陷和零违章行为，才能确保零伤亡事故目标的顺利实现。其中零实物隐患和零管理缺陷属于安全管理范畴，因此消除实物隐患和管理缺陷，是解决安全管理问题的根本，也是安全管理工作的核心。坚持安全质量标准化的监督保障体系化，则是消除和解决实物隐患和管理缺陷，实现安全生产的有效手段。

1. 坚持安全质量标准化

安全标准化的核心是认真贯彻落实各级政府、行业主管部门各项安全管理标准和规范，以及住总集团各项安全管理标准、制度和规定，其任务是有效解决“物的不安全状态”暨实物安全隐患问题。在日常项目施工安全管理工作中，要解决“物的不安全状态”问题，就必须严格执行各级政府部门有关施工现场安全施工规范标准。需要说明的是，企业内部制定的有关标准要高于国家标准、高于行业标准、高于地方标准，并有可操作性。坚持安全质量标准化，还要坚持运用科学有效的安全生产技术，消除“物的不安全状态”。特别是企业在引用新科技、新工艺、新材料、新方法及特殊作业施工时，必须组织专家进行论证，坚持方案领先制度，坚持谁审批谁验收原则等。运用工程技术手段，实现生产工艺、生产环境、机械设备等生产条件的安全预控，将“物的不安全状态”从其本质转化为事前控制和预防。坚持日常安全检查，严格执行不走样，全面实现安全质量标准化。

2. 规范标准的执行，离不开人的自觉性，更离不开强有力的安全监督和保障

坚持监督保障体系化，其首要任务是建立和健全安全组织管理机构。强有力的安全组织管理机构是将国家的安全生产法规、上级的精神、企业的安全管理制度、目标等，及时传达到参加施工生产的每一个员工的纽带和桥梁，是员工人身安全和国家财产安全的“保护神”，在预防和消除事故中起着不可替代的重要作用。要确保安全组织管理机构的强有力。企业必须按照要求建立健全安全管理组织机构，配备相应安全管理人员。安监人员责任重大，安监人员都应当具有较高的素质，包括身体素质、思想素质、业务素质和安全文化素质。因此，企业在组建安全机构时，应当着力加强安全管理队伍建设和人员的培养，着重培养和引进有一定文化水平和安全专业知识的年轻人才补充安全管理队伍，同时鼓励安监人员参加注册安全工程师职称考核，不断提高安全管理人员整体业务知识水平，保障企业拥有一支强有力的安全组织管理体系。

五、奉行“三不伤害”，保障目标实现

“三不伤害”是企业所有员工共同的诉求，也是确保企业安全生产目标实现的最根本基础，其根本是要解决“人的不安全行为”问题。

“三不伤害”强调的是所有参加施工人员都应做到“不伤害自己、不伤害他人和不被他人伤害”，这是对所有员工的基本要求。要解决“人的不安全行为”问题，就要坚持“以人为本，以人为核心”原则，运用人本原则对“人的不安全行为”进行有效预防和控制。所以，必须加强施工生产作业人员，特别是农民工等施工人员的安全教育培训工作，凡未参加入场安全教育或考核不合格人员，决不容许上岗作业。而且，对员工的安全教育不能仅挂在嘴边，应该在实际工作中确确实实得到落实，有效解决“人的不安全行为”问题等。

某些工程指挥人员、管理人员未严格履行安全管理职责，违章指挥、违章不纠，在一定程度上也为事故的发生间接起到了推波助澜的作用。因此，更要特别对管理阶层人员进行法律、法规教育培训，贯彻安全管理尽责意识和职业道德意识。不能因为自己的失误和违章指挥伤害无辜和伤害自己；更不能对违章作业视而不见，避免因他人违章发生事故后影响自己。牢固树立管理人员的“三不伤害”安全管理理念和遵纪守法，忠诚履职、尽职尽责，实现企业安全文化“三不伤害”的最根本诉求。

第四节　哈尔滨市第二建筑工程公司安全文化建设

一、企业概况

哈尔滨市第二建筑工程公司是国家一级企业，已通过 GB/T 28001—2001 职业健康安全管理体系认证。企业连续多年获得国家安全生产检查金牌和三省市安全生产文明施工检查金牌，并获得黑龙江省及哈尔滨市安全管理先进单位和“安康杯”竞赛优胜单位。二建公司取得了良好的安全管理业绩，这是公司安全文化建设的结果，主要体现在公司安全生产制度健全，安全责任明确，积极开展安全生产宣传活动，建立了安全文化氛围，使企业连续 4 年安全生产无死亡事故，取得了良好的社会信誉。

二、员工、领导安全教育两手抓

二建公司安全管理模式中值得学习的一面是建立了企业安全文化。安全文化的建立是一项长远的任务，安全文化的内容包括领导的安全观念转变以及员工安全意识和素质的提高。领导是企业的决策者，领导的安全观念对企业的安全管理起到至关重要的作用，二建公司在公司的管理层中制定了签订安全生产责任状制度，公司与分公司、公司与项目、项目与班组层层签订，进一步明确各自的安全任务，并将责任与经济利益挂钩，使安全管理由被动变为主动。并且以班组为中心，开展了“相互认证制”和“高一级工负责制”，作业过程中级别高的职工要对级别低的职工安全状况负责。并以项目班组为单位推行了“三全五控”法（即全员、全方位、全过程安全管理模式，实行目标、程序、关键、责任、超前控制）形成了“事事有标准，管理按标准，作业守标准，人人讲标准，横向到边，纵向到底”的项目管理体制。

对一线工人的教育细致入微，工会和安全部门定期到施工现场组织播放安全生产警示录像和安全操作规程讲解片，制定宣传口号“我懂安全，我要安全，从我做起，保证安全”。2002 年在公司安全管理部门的组织下，举办了“应急准备与响应演练活动”。每日班前安全活动的主要项目有“安全升旗”仪式和安全自检活动，上工前每人都要检查自己的安全用品是否配备齐全，每天开工前都要举行安全升旗活动，为每个人敲起了警钟，安全防范意识逐渐加强。通过点点滴滴的深入人心的安全教育活动，在二建公司的职工中营造出了一种人人自觉遵守各项安全管理制度的氛围。安全文化的建立为企业安全管理奠定了很好的基础。

三、企业安全文化体系建立的程序

安全文化是抽象的概念，培养安全文化素质是一个长期的过程，不是一朝一夕就能培养出来的，也不是一件大事就能改变的。公司就企业安全文化的建立经过了四个阶段。

1. 确定企业安全文化的主导内容

企业文化主导内容要与时代发展的趋势相一致，具有时代感和先进性，这样才能使企业发展同社会发展方向一致。

2. 企业确定的目标应得到员工的认可

如果企业制定的安全目标，员工不理解，那么在企业内部很难形成向心力，安全文化也无法起到激励员工的作用。

3. 将企业文化从口头具体到文字

企业文化是一种理念，光靠领导者的讲演和日常的口头宣传是不够的，把企业文化具体化，形成文字，包含在企业的规章制度中。

4. 企业文化建立应具有动态系统化

随着企业的发展，企业在塑造企业文化的过程中，其内容必须不断完善，最终形成一个内容健全的系统性的企业安全文化体系。

四、企业安全文化体系的内容

公司为了建立完善的安全文化体系，给出了建立企业安全文化的主要方法，将企业安全文化融入行为规范，体现在严格的管理程序之中，即形成安全文化体系，长期、持久地影响和控制人们的行为方式，并自觉地按共同的行为准则来决定自己的行为。根据我国建筑企业安全文化实际建设情况，借鉴美日安全文化建设中的长处，建立安全文化体系，中国人的从众心理很强，该体系主要借助于集体力量和规章制度体现人们共同的安全价值观。企业法人对安全生产应有这样的价值观——安全生产，是投资，不是开支，员工的安全价值观是“安全是对自身的保护，应自觉遵守安全制度”。安全文化体系是将安全管理中与安全有关或相类的事物按一定的秩序和内部联系有机地组合而成的整体，安全文化体系是针对企业的安全管理而建立的体系，是企业实现内部控制的方法，安全文化体系的主要内容如图 7—1 所示。

五、总结

安全文化的建立方式应该是灵活多样，建筑企业应根据自身的

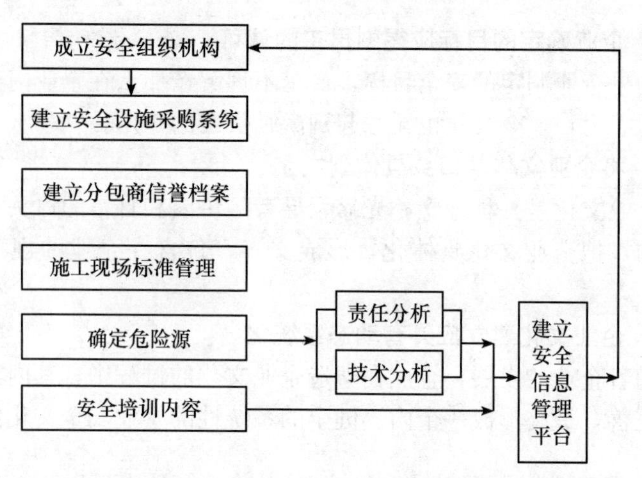

图 7—1　安全文化体系的主要内容

安全管理情况，制定企业长期的安全发展战略，有计划、有步骤地进行安全文化的培养，并结合实际，总结别人安全教训，学习其他单位的安全管理长处，及时修订和补充安全文化的内容。

建立安全文化体系的主导思想是“以人为本，预防为主”，避免事故发生，提高劳动者的安全意识，保护劳动者的安全与健康。建立适合建筑企业自身发展的安全文化体系，有利于加强企业自身管理，使安全管理由经验管理转变为科学管理，改变过去企业靠行政命令和个人意志管理安全的现象。建筑企业安全文化的作用不仅仅是对工人有指导和约束作用，其更重要的作用还在于提高企业的安全管理水平，建筑精品工程、铸造品牌信仰。提高企业在同行业内的核心竞争力，适应国际工程管理惯例，为企业进入国际建筑市场奠定基础。

参考文献

[1] 徐德蜀，邱成. 安全文化通论 [M]. 北京：化学工业出版社，2004.

[2] 史有刚. 企业安全文化建设读本 [M]. 北京：化学工业出版社，2009.

[3] 谢振华，卢国栋. 金属非金属矿山企业安全文化建设与实践 [M]. 北京：中国劳动社会保障出版社，2013.

[4] 孟宪达. 如何进行建筑施工企业班组安全文化建设 [J]. 科技信息，2012 (13)：360.

[5] 邵辉，赵庆贤，葛秀坤，等. 安全心理与行为管理 [M]. 北京：化学工业出版社，2011.

[6] 高武，樊运晓，张梦璇. 企业安全文化建设方法与实例 [M]. 北京：气象出版社，2011.

[7] 邢继亮. 浅析“手指口述法”在建筑施工安全管理中的应用 [J]. 建筑安全，2011 (4)：43—44.

[8]《生产经营企业事故预防与隐患排查管理指南》编写组. 生产经营企业事故预防与隐患排查管理指南 [M]. 北京：化学工业出版社，2009.

[9] 谢振华. 建筑企业安全员工作指导 [M]. 北京：中国劳动社会保障出版社，2012.

[10] 罗云，程五一. 现代安全管理 [M]. 北京：化学工业出版社，2009.

[11] 崔政斌，崔佳. 现代安全管理举要 [M]. 北京：化学工

业出版社，2011.

[12]《生产经营单位安全培训教材》编委会. 非煤矿山企业员工三级安全教育培训教材 [M]. 北京：气象出版社，2009.

[13] 高向阳. 建筑施工安全管理与技术 [M]. 北京：化学工业出版社，2011.